Katia Astafieff

植物遷徙的
非凡冒險

L'AVENTURE EXTRAORDINAIRE
DES PLANTES VOYAGEUSES

卡蒂亞・阿斯塔菲耶夫——著

林承賢——譯

目次

發現加拿大人參
（薩赫贊）

孟雅斯的探險
（紅杉）

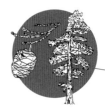

和弗雷諾到圭亞
認識橡膠

特維和菸草

弗雷澤的探險
（草莓）

10 種植物、10 名探險家、
10 場冒險

和帕拉斯一起
探索大黃

來自中國的牡丹
（洛克）

偷茶賊福鈞

和湯執中一起
認識奇異果

和萊佛士、阿諾德
一起在印度尼西亞
發現大王花

　　自大航海時代起，無數的帝國殖民者、探險家及商人開始探索世界各大陸的豐富資源。除了獵取價值不菲的黃金和礦產，地球各地的珍稀生物和經濟植物也隨著帝國的殖民行動散播到全球各地。臺灣，這個四面環海且位於東亞邊陲的島嶼，歷經了許多殖民帝國的統治。為了增加殖民地的經濟產值以獲得更多利益，帝國政府常在殖民地試驗栽培具有高經濟價值的植物，如引進的巴西橡膠樹、菸草、瓊麻等。

　　回首您身邊的植物，與人都有著深深地羈絆，例如當我們提到屏東的特產時，大多會想到黑珍珠蓮霧、椰子、木瓜，以及近十年來新興的可可樹——巧克力的原料，這些都是引進栽培的（椰子除了在蘭嶼、綠島有原生分布外）。正是這段歷史的緣故，我們有機會接觸到許多飄洋過海的外來植物，但人們往往對於這些外來植物引進的歷史知之甚少。近年來開始有許多人挖掘過去的這段歷史，像是本土植物作家「胖胖樹」爬梳許多歷史文獻追尋臺灣熱帶植物的引進來源，而透過卡蒂亞・阿斯塔菲耶夫（Katia Astafieff）的《植物遷徙的

非凡冒險》一書，我們得以透過十位探險家的冒險經驗，了解引進與栽培異國植物的精彩故事。然而事實上，深入荒山野地或出海在工業革命前並非易事，單是出海就必須掌握天候與海象，而登陸陌生土地後則可能遭遇瘴氣疫病和與當地人的衝突，更別提後續的馴化過程所需付出的艱辛與努力。

　　以具有臺灣本土風味的珍珠奶茶來說，這款混搭帛來品很能營造出臺灣本土風格的特色，其中「珍珠」來自於熱帶美洲的樹薯澱粉製成，「茶」則是從大清帝國時期引進栽植的茶樹（雖然臺灣也有本土的臺灣山茶）。但當提及十九世紀的茶業故事時，則是暗地風起雲湧，隱藏著一股即將撼動帝國和帝國之間版圖的風暴。在《植物遷徙的非凡冒險》一書中描述，福鈞像是 007 特務一般，從大清帝國偷取中國山茶（Camellia sinensis）的商業間諜的案例，也是有計謀的「非凡冒險」故事。從這些冒險故事中，阿斯塔菲耶夫在另外一本《惡棍植物》的書中，更是將植物武裝自己的故事化作有趣的手法來描述，像是蕁麻如何引發強烈刺痛而使人對它們敬畏三分。大家可能不熟悉「蕁麻」這個名字，但應該都有聽聞過「咬人貓」或「咬人狗」吧？對於常在山林野外走跳的人來說，被咬人貓或咬人狗「咬到」都是取得野外「冒險勳章」的榮譽，但後果可能是紅腫刺痛一陣子。不過對於碰

到在澳洲的咬人狗親戚「金皮樹」來說，就不是那麼容易解決的一件事了。曾聽聞在澳洲唸書的前輩說，曾經有人因為觸碰金皮樹後，過於痛苦而開槍尋短。像這類駭人聽聞的恐怖故事似乎偏離現實，但植物為了防衛自己發展出的策略著實令人讚嘆，從物理性到化學性的防衛，像布滿刺的莖葉、充滿毒素的乳汁，各式各樣的花招都有。當然，把自己武裝像仙人掌一樣，其他人看了也會敬畏三分不敢貿然出手，這也就是備戰的策略呀！

我從小就是熱衷於探險的人，無論是登高山與出海蒐集資料和調查都需要歷經艱辛的歷程才能完成研究的一小部分。在山地研究的旅程中，我們就像是走入叢林的探險家，面對需要提心吊膽的破碎地形，橫渡崩塌坡地、徒手攀岩已經夠艱難了，但往往下一個向上攀爬的手點長著一大叢的咬人貓，或是全身長滿尖刺的阿里山薊。但又能如何呢，只能苦笑想辦法繼續往前。頂多就是不小心被渾身尖刺的藤花椒、黃藤、懸鉤子與菝葜刺傷時，怒罵一陣，再繼續撥開前行吧。所以我很能夠體會《植物遷徙的非凡冒險》的旅程艱辛，身為南島民族的我們，體內總是會充滿對於航海或登山冒險的渴望，只是就像是歷史上的植物學家一樣，除了實地去探險原始的森林環境外，也朝向未知的科學領域前進，更加瞭解這

些植物的特性，把故事傳播給更多人知道。

阿斯塔菲耶夫所著的《植物遷徙的非凡冒險》和《惡棍植物》這兩本書，都很適合拿來配著珍珠奶茶，進入一段又一段令人驚奇的植物探險旅程。透過這些故事，我們不僅可以體驗到植物世界的「非凡冒險」，也能更深入了解植物如何透過各種策略進行自我防衛，以及這些策略如何影響和啟發我們，而且您將會看到一個與以往不同的世界，一個充滿驚奇和令人讚嘆的植物世界。

林政道／嘉義大學生物資源學系副教授、生物多樣性中心主任

推薦序

　　閱讀卡蒂亞・阿斯塔菲耶夫《植物遷徙的非凡冒險》的過程十分愉快。這本書的知識量豐富、引人入勝，甚至令人興奮不已——植物學著作少有這種寫作風格。

　　仔細閱讀後，發現這本書其實是本植物民族誌。不只描述植物本身，卡蒂亞也描述了這些外來物種（奇異果、紅杉、人參、草莓、菸草、大黃、茶……等等）如何跟著植物學家一起旅行，進而成為歐洲人熟悉的植物。前述植物學家到原產地尋找這些異國植物，有時還要冒上生命危險，才能告訴我們這些植物的用途，並在可行的情況下將它們帶回歐洲耕種。以及，如果無法帶回歐洲耕種，植物學家便會帶回幾株植株、一些插圖，以及珍貴的描述。

　　大多數的植物學家都不會涉足田野。他們大部分都在學院、花園、植物標本館或基因實驗室，研究植物的演化系譜。我們很開心能夠向這些植物學家獻上這本書。我深信，只有在田野裡，植物才會對人類顯現真正的自然樣貌，同時人類才能正確地評估植物的智識表現。

我個人的英雄是 1719 年生於法國東南部大城里昂的植物學家波微（Pierre Poivre, 1719–1786）。波微曾夢想將荷蘭獨占的香料栽種產業引入印度洋的模里西斯島（當時為法國屬地，目前已獨立為模里西斯共和國）。在他前往印度尼西亞的路上，他在與英國人的海戰中遭遇砲擊、失去右手；他自此改用左手書寫，而這並沒有阻礙他繼續投入研究。在十八世紀結束之前，模里西斯的龐普勒穆斯花園成功開始生產丁香和肉豆蔻。

說實話，我對自稱「探險家」的人沒什麼好感。我在生活中經常遇到這種人，但他們通常出沒在裝有冷氣的酒吧裡，而不是熱帶叢林中。對我來說，卡蒂亞故事中的主角並非尋找冒險。他們尋寶的目標比冒險還有趣——植物！

我特別喜歡本書的敘述風格。或許有些人不適應這個風格，但植物學著作的確需要一些革新之舉。我衷心感謝卡蒂亞的創舉。

各位讀者，您們手中的這本書採用了全盤創新的書寫方式。這是第一本以八卦雜誌、搖滾演唱會、電玩遊戲和電視實境節目的口吻來撰寫的植物學著作。

法蘭西斯・哈雷

2018 年 2 月 9 日誌於法國蒙彼利埃

自序

　　植物學並非久坐不動的科學。人們無法在書房乘涼偷閒的同時完成植物學研究。（……）要鑽研植物學，必須踏遍山林、攀爬峭壁，讓自己身處懸崖邊緣。

　　～豐特奈爾（Bernard de Fontenelle, 1657–1759）《圖爾納弗讚美詞》

　　在一次中國的旅程中，我駐足於雲南山谷間一個名為玉湖的村莊，附近就是奢華的麗江市。那是位在 5,596 公尺高的玉龍雪山山麓，當地的小房子使用名為「猴頭」的岩石建造。納西族的年老女性穿越街道，帶著藍色的帽子、穿著傳統服飾。周圍環境令人震懾，美得令人忘了呼吸。我馬上理解為什麼納西族人不願意離開故鄉。

　　我之所以來到這裡，是為了造訪某名人士的房子，他的故居、他的神祕住處。他是位古怪但傑出、魯莽又優雅的植物學家，深深著迷於中國的植物。這位植物學家就是洛克（Joseph Rock, 1884–1962）。他發現非常多種植物，他本人

的人生則相當荒誕離奇。

這棟魔法般的房子結合了不少我的熱情所在：旅行、植物和冒險。

說到旅行，我偶爾會想到法國科學家巴斯卡（Blaise Pascal, 1623–1662）說過的話：「人類所有的不幸都只來自一件事——不曉得要怎麼在房間裡好好休息。」說得真好！

我的房間尚可稱為舒適，有著柔軟的羽絨被（不過掛毯需要重製）。然而，我從未體驗過西伯利亞火車三等艙座位既溫暖又殘酷的滋味，無法看著窗外世界最迷人的森林之一和無窮無盡的大草原。我也不曾體驗過吉爾吉斯旅館搖搖晃晃的床、或在潮溼的帳篷中體驗愛爾蘭雨夜的冷酷，進而在其中體會到自由。

然後……如果呆坐在房間裡，怎麼能認識世界呢？呆坐在房間裡的人會知道新鮮樹皮的味道和熱帶雨林的潮溼嗎？他會知道城市的臭味或破舊公車的氣味嗎？房間很棒，但只適合兩趟旅程間的休息！

人們常問我：為什麼要踏上旅程？答案既簡單又明顯：為什麼不踏上旅程呢？

這就是我前往世界各地的原因：眼見為憑，而不是相信新聞報導中的猜測。不謙虛地說，我之所以踏上旅程，就是

為了追隨探險家的足跡,雖然我和他們仍然差得相當遠,畢竟當年的冒險還沒有地圖和 GPS。

我熱切地希望,有一天能夠穿越中國,為洛克這位古怪的植物學家著書立傳。在他的無數功績中,其中一件便是發現神祕的牡丹。他發現牡丹的故事可以寫成一篇犯罪小說!我想要撰寫這株牡丹的故事,也想撰寫其他外來植物那些被人遺忘卻令人難以置信的故事。這些花朵的美和獨特,以及偶爾的一些趣味故事都在在令我著迷不已。即便這些植物有不為人知的環境適應力和溝通能力,我也不著重描寫它們的智識,請不要勉強它們。

每種植物都有自己的故事。以大黃為例,這種葉片又大又醜的植物數世紀以來常見於人類的鍋盆中,難道只能用來製作美味的糕點?錯!大黃來自中國的偏遠地帶和西藏的山麓。大黃穿越西伯利亞,遇見了傑出的博物學家帕拉斯(Simon Peter Pallas, 1741–1811)。當時帕拉斯受命於女皇葉卡捷琳娜二世,正在俄羅斯最杳無人煙的地帶搜尋這種植物。大黃令人聯想到西伯利亞的景象,令我更加接近貝加爾湖及俄羅斯人的熱情。

還沒被說服嗎?想想美國加州的紅杉。淘金潮、牛仔、演員伊斯威特(Clint Eastwood)駕馬奔馳而來……好,我

們離題了。紅杉高聳、雄偉、壯麗……拿起同義詞詞典，有數不盡的形容詞可以描述這些自然名勝，它們已經是美國西岸的象徵。紅杉的歷史與探險家孟雅斯（Archibald Menzies, 1754–1842）緊密相關，他曾和溫哥華上校（George Vancouver, 1757–1798）一同遊歷世界。當我第一次親眼目睹這些樹木時，它們遠比金門大橋更令我讚嘆不已。

請試著想像一朵巨大的花，而且是全世界最大的花朵！那是你或許從未聽過的大王花。在馬來西亞的叢林完成艱難的健行後，我見到了這株非凡的植物界奇觀。怎有人能不為這種東西感到驚愕呢？另外，你知道橡膠嗎？當然，這種樹木人盡皆知，但人們經常不知道橡膠奇特的故事，以及橡膠發現者的經歷。

有關植物以及植物探險家的故事，可是說也說不完。我只能和各位讀者分享其中10則：10種植物、10名探險家、10場冒險。當然，植物的史詩總會提及人類的冒險，而每段故事的主角都來自一個充滿革新的年代。這些主角是知識的游牧民族、綠色黃金的獵人。每個人都有自己的英雄、崇拜的明星、崇敬的偉人、景仰的真實人物或虛構角色。對某些人來說，景仰的對象是甘地或德雷莎修女；另一些人可能是麥可‧傑克森或女神卡卡。另一群人則是雨果或曼德拉、小

說《沙皇的信使》主角斯特羅哥夫或充滿爭議的法國名人鮑格達諾夫兄弟（對，不過，還是不要好了……）（編註）分別名為伊果〔Igor〕與格理奇卡〔Grichka〕，主持關於外太空、平行宇宙等題材的電視節目 Temps X，兩人於 2022 年初相繼因新冠肺炎逝世）。

我喜愛冒險家，而且是真正的冒險家，是那些為了科學、知識和發現而踏遍世界各地的冒險家。他們不見得長得像印第安納・瓊斯的演員哈里遜・福特（Harrison Ford, 1942–）或詹姆斯・龐德的第一代演員史恩・康納萊（Sean Connery, 1930–2020）。但他們都是前無古人的重要人物，彷彿是小說中才會存在的人物。以福鈞為例。他肩負間諜任務，冒著生命危險前往中國的偏僻角落歷險，同時要保持英式的冷靜自持。至於萊佛士（Stamford Raffles, 1781–1826），他為現代新加坡打下基礎，並為了探索自然奇觀而花上不少時間在叢林中長途跋涉。

人人皆知達爾文和庫克船長，而對自然科學稍有研究的人都知道林奈的大名。但有誰記得弗雷諾（François Fresneau, 1703–1770）、特維（André Thévet, 1516–1592）或薩赫贊（Michel Sarrazin, 1659–1734）？我也希望能透過這本書向他們致敬。

　　由於人類每天都對植物世界有更多的了解，我也在本書的 10 個章節中分享新知，包括奇聞軼事、令人驚訝的科學事實，或新的科學發現。畢竟，認識植物的旅程永無止境！

1

英國間諜
在中國竊取植物，
007一般的植物冒險

植物學家福鈞（Robert Fortune）竊取了中國最棒的茶樹，更
將茶葉推向全球最熱門飲品的寶座。

茶樹
（ *Camellia sinensis* (L.) Kuntze ）

如果茶葉不存在，我們要怎麼開英國人的玩笑呢？如果茶葉不存在，我們也無法用兩種根本性分類來區分全人類：喝茶和喝咖啡——不過也有人可以同時享受這兩種飲品的美好。如果茶葉不存在，又怎麼會有人甘冒被同桌賓客嘲笑、令桌布蒙難的風險，沉迷於探究摩洛哥餐廳對茶壺有多講究呢？

讓我們來談談茶壺。在《愛麗絲夢遊仙境》中，三月兔和瘋帽客竭力將睡鼠塞進哪裡呢？透過這本小說，我們可以從科學聊到猶他茶壺。你知道猶他茶壺是什麼嗎？它是立體影像生成常用的參照物體。我們還沒說到古怪的茶壺蒐藏家，他們會蒐集陶製、鐵製、瓷製、各色各樣、五顏六色的茶壺，還有茶葉濾網或茶球的愛好者！

茶不僅僅是種飲料，若非茶樹這種神奇作物，世界將不是今天的樣貌。你或許不敢置信，但茶樹的確是種灌木，人類飲用的則是茶葉。你懷疑這件事實嗎？基底茶茶包中含有的其實只是茶葉粉。揀茶室中的掃茶刷等器材，則是向我們這些西方人提供高品質基底茶的完美器具。

如果要聽起來更精準（且更富有智慧），本章主角茶樹的拉丁文學名為 *Camellia sinensis*。事實上，茶樹和花園中美麗的山茶花同科同屬。此外，園藝用的山茶花並非偶然來到

歐洲。十七世紀時，東印度公司希望將茶引入歐洲，打破中國壟斷的局勢。英國人下訂單購買茶苗，然而中國人卻耍小聰明，送來了山茶花（*Camellia japonica*）。英國人雖然發現自己遭設局詐騙，但並非滿盤皆輸——園藝用的山茶花美麗無比，成就另一番市場霸業。

 ## 在鴉片的國度

中國人自數千年前便認識茶樹。數千年來，也幾乎只有中國人栽種茶樹。自十七世紀起，葡萄牙和荷蘭商人將茶葉引進西方。最終，在十九世紀中，以取得最優良樹苗為夙願的英國人成功偷走了茶樹樹苗——字面上的意思。

當時共有兩種植物主宰世界：本章節的主角茶樹，以及我們比較不推薦的「*Papaver somniferum*」，也就是罌粟。英國在印度獨占了罌粟栽種事業，而中華帝國幾乎壟斷了茶業。

將近兩百年間，英國東印度公司向中國人提供鴉片，而中國人向英國東印度公司販售茶葉，以便購買鴉片……幾乎所有人都參與其中。英國人沒有道德顧忌，成為毒品運輸的專家，而英國東印度公司更是史上最大的藥頭！不過，對中國人而言，鴉片交易的結局並不怎麼光彩，畢竟英國人為了發展貿易，在1839年發動第一次鴉片戰爭（於1842年結束）。

花非花，茶非茶？

Camellia sinensis 才是真正的茶樹。不過，在日常口語中，我們偶爾也會將其他植物的製品稱為茶，譬如南非國寶茶（法文稱為「南非紅茶」，英名為 Rooibos）便和茶樹無關。南非國寶茶來自一種名為線葉松雀花（*Aspalathus linearis*）的植物。（譯註）豆科小灌木，僅分布於南非一帶。）和茶樹不同，這種植物不含咖啡因。瑪黛茶在法文又稱巴西茶、巴拉圭茶或耶穌會茶，它來自巴拉圭冬青（*Ilex paraguariensis*），且包含咖啡因。在 1750年代左右的法國，薄荷茶和椴花茶也被稱作「thé」（茶）而非「tisane」（藥草茶）。

因為該次戰爭，英國人迫使中國開港通商，並取得香港作為錦上添花的戰爭補償。1845 年左右，英國人儘管因為英中重啟貿易而喜不自勝，但他們的目的不止於此。英國人決定要取得最優異的茶株，以便在印度種茶，以及學會紅茶及綠茶的製茶方式。

達成方式則是——派出間諜。這名間諜必須充滿勇氣、

了解中國，並準備好解開所有與茶葉有關的謎團。英國人很快便找到適合的人選——著名英國植物學家福鈞（Robert Fortune, 1812–1880）在 1848 年打包行李出發。福鈞曾在愛丁堡的植物園工作，即便沒接受過深厚的學術訓練，但他很快便展現園藝及植物學的天分，廣受注目。他成名的另一個契機則是在 1843 年出版《中國北方三年行》。該書是他受皇家園藝學會派遣、首次前往中國的紀錄。此前，他早已觀察過茶葉，並在前數次旅行中帶回許多歐洲沒有的全新植物，例如金桔。這種小型圓形柑橘可以連皮食用，至今其拉丁文屬名仍保留著福鈞的名字（*Fortunella*）。茉莉和菊花也是由福鈞帶入歐洲。

🌿 間諜植物學家

你可能早就在真實或虛構故事中認識間諜的存在，也可能認識一些試圖破解核能或高科技機密的鼴鼠人科學家（譯註 指漫威宇宙中的反派角色鼴鼠人）。不過，你可知道這世界上也有間諜植物學家？試想植物界的龐德或瑪塔哈麗（譯註 第一次世界大戰的著名社交名媛暨間諜）。當然，福鈞沒那麼性感，也沒那麼知名，他的人生也沒有那麼荒誕離奇。

要怎麼描寫我們的故事主角呢？商業間諜和偷竊都不

是那麼光彩的事蹟。不過，福鈞可說是植物界的紳士怪盜亞森羅蘋。他充滿野心、意志堅定、癡迷植物學，並為祖國盡心盡力。我們也可以這麼說：福鈞顛覆世界經濟秩序、改變世界的面貌，並促使大不列顛成為世界強權。他出身蘇格蘭農家，接受大筆報酬前往中國，因此福氣滿滿地大賺千鈞（譯註）原文以福鈞的姓氏「Fortune」玩雙關）。不過，這趟冒險極端危險，吸引他上路的並非財富，而是對冒險的熱愛。

他毫不遲疑地接下這項任務：前往栽種最優良茶葉的中國南方取得種子和植株，目的地包含福建省的武夷山和安徽省的黃山。當時這些地區禁止歐洲人進入，只有少數耶穌會士敢於前往冒險。福鈞大可付錢找中國人幫他完成這樁差事，但這麼做並無法證明得到的茶樹真的來自目標地區。於是，只剩下唯一的方法——親自前往福建和安徽。不過他並非獨自前往，因為他面臨巨大的阻礙——當地語言。當時世界各國沒有華語課程，也還沒有漢語拼音。福鈞必須找到嚮導，而且要兩位：一位作為僕從和翻譯，另一位則是苦力（背負重物的人。或者取廣義：農工）。這兩人將帶著福鈞見證五光十色！

來自長城之外、遠道而來的一國之主

成為完美間諜的第一步，就是要融入背景。為了不引起他人注意，進而引發不那麼宜人的事態（譬如死亡），福鈞決定要偽裝自己。請試著想像裝扮成清朝官員、剃髮束辮的蘇格蘭人，可笑嗎？這個偽裝可謂相當成功！福鈞的剃髮體驗稱不上有趣：笨手笨腳的苦力無法阻止自己劃破福鈞的頭皮，令福鈞留下痛苦的淚水，一旁則是船工訕笑的眼光（船

茶園。福鈞著作《中國茶鄉之行》（1852）中的版畫。

工在福鈞的旅程中非常重要，因為當時中國的主要交通模式便是船運，而且並不輕鬆寫意）。兩名跟隨福鈞的搗蛋鬼並未讓他的冒險更輕鬆。福鈞這樣描寫他的苦力：「一個粗壯、遲鈍、笨拙的傢伙。除了身在我要去的國家之外，一無是處。」至於他的王姓僕從，福鈞則認為他「是個愚笨且固執的人，幾乎把我們搞得一團糟。」這兩名旅伴不斷彼此爭吵，並用計從主人身上詐取盡可能多的錢財。他們經常犯下蠢事，但福鈞總能化險為夷，後人也不曉得福鈞究竟如何脫離險境。即便這兩人在某一天不犯些遊手好閒的勾當、不假裝在自然中迷路、不與船工瞎攪和，其中一位也可能向船工告密船上有外國人，而另一個人則向福鈞轉述海盜與盜賊的可怕故事，使福鈞睡不著覺。當中國人詢問這位看似外國人的旅人是誰（福鈞唯一會說的華語句子是「我的名字是福鈞」），答案始終如一：來自長城之外、遠道而來的一國之主。這種答覆令人印象深刻，有些人會因此過度以禮相待。

通常，為了脫離這種境地，這位精明的探險家有一種處世之道：不主動出擊，讓事情自然發生。

平靜處事，不失冷靜。這應該成為所有旅人的座右銘，尤其是前往中國的旅人。這是最好的做法。

福鈞有著英國人的冷靜沉著。當苦力帶著他穿越一座「不

知名」的大城市時（儘管他希望繞過這座城市以免引來注目），這種沉著的態度便發揮了作用。不過，當挑夫之間起衝突時，這種態度便沒什麼作用了。有些挑夫會將借來的錢用來購買茶葉和菸草，為了緩和爭執，福鈞只得替他們付錢了事，以便避開他人的目光，同時開始尋找其他可僱用的挑夫。

福鈞的整趟旅程由各種爭執點綴，因而，他偏好保持頭腦冷靜。為了不吸引他人目光、避免與可能揭穿偽裝的陌生人談話，他無所不用其極。有一天，他已經挨餓一整天，迫切想找到一間舒適的旅店，但卻假稱稍後才會跟僕從一起用餐，推辭了一頓美味的晚餐。原因其實非常簡單：福鈞不曉得如何使用筷子……

 ## 英國紳士的中國蒙難記

一天早上，這位來自長城之外、遠道而來的一國之主在旅店遭爭執聲吵醒。十多名勇猛的彪形大漢正在攻擊他的僕從，因為這名僕從稍早用燒焦的木棒推開這群大漢。房內的福鈞匆忙裝備好自己的小手槍，卻發現潮溼的環境早已使手槍生鏽、無法使用，真遺憾……我們的冒險家回去瞄了眼這群「表情果敢堅毅」的傢伙，隨後理解這群挑夫希望從僕從

身上索取三百銅錢。顯然故事並未因此告終：隔天起，便沒有挑夫再願意為福鈞一行人效力。因而，僕從胡興便決定如同騾子般挑起所有的行李，直到挑行李用的竹棍斷裂、所有行李灑落泥濘之中。今天看來，這種情景十分古怪滑稽，像是美國喜劇演員勞萊與哈台（Laurel and Hardy）出演的電影情節。但當下的福鈞可不覺得有趣，他幻想懲罰犯下這一切差錯的混帳東西。然而，身為一位紳士，福鈞只得可憐這名髒兮兮的可憐傢伙。

另一天，有四個人匆忙上了船向船長找碴。原來船長偷了幾袋米，而不願讓船長得逞的失主便花錢找人鬧事。有些醉意的船長不願付錢了事，於是這些人便帶走了船帆，造成福鈞旅程的另一道阻礙……

無可避免地，我們這位來自長城之外、遠道而來的一國之主也在旅程中見到了鴉片吸食者。福鈞不吸鴉片，他比較常喝茶。福鈞對鴉片吸食者的描述，或許會讓人不再願意把著名漫畫《丁丁歷險記》系列的《藍蓮花》改編成劇目（譯註《藍蓮花》的故事背景為中國上海的一間鴉片館）：

過量吸食鴉片對這名男子的影響可謂悲慘無比。他的臉乾瘦而瘦削，臉頰蒼白且令人驚恐，皮膚有種特殊的顏色。光是這種皮膚色澤，便能讓人辨識鴉片吸食者。顯然

他已來日無多。

經常吸食鴉片的人，會在五到六年內死亡。除了鴉片煙霧令人不悅之外，睡在鴉片吸食者身旁也有其他困擾。曾有一次，福鈞投宿的房間樓下住著一名年老的中國官員。他遭異常的聲音吵醒，並如此描述：

他的鼻腔發出可怕的不和諧聲響。這些聲響再加上這人沉睡時的哀號，便把我吵醒了。

福鈞的這趟旅程遭遇了各種倒楣事。如果你前往中國旅遊，想從事一些與眾不同的活動，請務必避開鴉片。可以試試危害較少的豆腐或狗肉。

嗜茶者的三年甘苦

在 1839 年出版的《論現代興奮劑》中，法國作家巴爾札克描述了三名死刑犯身上發生的「有趣」經歷。這三名死刑犯有兩個選擇：絞刑，或是終生只以一種食物續命。第一名死刑犯選擇茶、第二名死刑犯選擇咖啡，最後一位則選擇可可。（如果是我，我會選可可！雖然……）他們的結局如下：〔甘佳平譯本（聯經，2010）〕

只喝可可的人在八個月後離世。

只喝咖啡的人在兩年後離世。

只喝茶的人三年後才離世。

我懷疑西印度公司是為了商業上的利益才要求進行這個實驗的。

喝可可的那個人死相悲慘，全身腐爛，布滿蛆蟲，四肢就像西班牙王政一樣，一一分離掉落。

喝咖啡的那人死相焦黑，就像是被戈摩爾（譯註《聖經》中因民風敗壞、遭上帝施以火雨完全燒滅的城市之一）的火燒過似的。我們甚至可以將他煉成石灰，曾經就有人提出了這樣一個建議，但這個實驗與靈魂永生不死的說法相互矛盾。

喝茶的那個人變得非常地瘦弱且身體呈現半透明狀態，死因為體力耗盡，猶如一盞耗盡蠟油的枯燈一樣。人的目光甚至可以透視他的身體。一位人文學家可以透視他的身體，透出的光線居然足以讓他閱讀《時代週刊》。由於英國禮儀限制的關係，我們不能再繼續做一些更新穎的實驗。

綠茶與紅茶

　　儘管蒙受旅伴的欺瞞拐騙，福鈞仍然享受自己的旅程，並不停驚嘆於中華大地的壯麗景色。但他並未因此忘記旅行的初衷：了解茶的一切！他觀察到，四處都種滿茶樹，即便是非常陡峭的山坡上。他記得曾經看過一本書，作者說人們會派出猴子來採收茶葉。方法並不是訓練猴子，而是向猴子丟擲石塊、激怒牠們，讓猴子採摘茶樹枝葉向人類拋來！這可能只是傳說而已。

　　不過，福鈞仍然有個有趣的發現，證實他前次中國之行的觀察：紅茶與綠茶來自同一種樹。當時的歐洲人並未發現這件事。紅茶與綠茶的唯一差別，在於發酵的程序。綠茶在採摘後，很快便遭人中止發酵，而紅茶則經歷了完整的發酵週期。至於不同品種的茶，福鈞很高興自己還記得英國漢學家戴維斯（John Francis Davis, 1795–1890）的觀察。戴維斯在《中國人》（1836 年出版）一書中便解釋，中國茶百百種，其中白毫（西方至今仍以「pekoë」作為紅茶分級的一種）採摘的是初發的嫩芽，彷彿白色絨毛。

　　向各位分享一則小故事：茶樹在獲得正式的學名「*Camellia sinensis*」之前，曾由造訪中國及日本的德國醫師坎普法（Engelbert Kaempfer, 1651–1716）命名為「*Thea japonica*」（日本茶）。著名的瑞典植物學家林奈（Carl von Linné, 1707–1778）則將其命名為「*Thea sinensis*」（中國茶）。然而，如同福鈞在書中所說，當時的人們不清楚綠茶及紅茶的差別，以為是兩種不同的物種。當時，綠茶稱為「*Thea viridis*」（綠茶），紅茶稱為「*Thea bohea*」（武夷茶，譯註得名自福建武夷山，bohea 為閩南語發音）。直到 1887 年，德國植物學家昆策（Carl Ernst Otto Kuntze, 1843–1907）才將茶劃歸山茶屬，並賦予茶樹今天的名字。

茶的馴化

茶的研究無窮無盡。茶樹有三種主要亞種：

- 中國種茶樹（*Camellia sinensis var. sinensis*），原生於雲南；
- 阿薩姆種茶樹（*Camellia sinensis var. assamica*），栽種於印度；
- 柬埔寨種茶樹（*Camellia sinensis var. sambodiensis*），栽種於全東南亞。

這個分類並沒有表面上看起來那麼簡單。只要分類有變動，植物學家便會聽聞（或沒聽到）茶樹分類的不同稱

呼。此外，柬埔寨種茶樹的學名也寫作「*Camellia sinensis var. lasiocalyx*」。

近期的分子研究（2016）對於茶的馴化歷史有了更多了解：

- 中國種茶樹來自中國，當地人自四千年前開始飲用茶葉。

- 在印度栽種的中國種茶樹基因與中國境內的中國種茶樹相同，應該是從中國引入印度。

- 在中國栽種的阿薩姆種茶樹，和在印度栽種的阿薩姆種茶樹來自不同的基因譜系。

- 因而，中國種茶樹、在中國栽種的阿薩姆種茶樹，以及在印度栽種的阿薩姆種茶樹來自三次不同的馴化過程，發生於中國、印度等地的三個不同區域。

福鈞還有另一個令人倒盡胃口的發現：中國人一直在毒害英國人！為了應對茶葉的高需求量以及從中牟利，中國人毫不猶豫地將過老的紅茶用普魯士藍的顏料染成綠茶。反正，平淡無味又富含毒性的茶葉正合英國人的胃口！

福鈞也說明茶葉如何運輸：裝在箱子裡，用竹竿撐起來，

千萬不可以放到地上。他也利用這趟旅行來採集其他植物，但有時很難說服中國人一起搬運這些植物，因為他們認為這些是雜草。福鈞也發現了棕櫚樹，他將棕櫚樹送到英國，交給植物學家胡克（Dalton Hooker, 1817–1911. 他是達爾文的好朋友），胡克將棕櫚樹命名為「*Chamaerops excelsa*」。在改隸別的屬之後，棕櫚樹便更名為「*Trachycarpus fortunei*」（這個細節或許令你覺得無聊。但如果你是個吹毛求疵的人，絕對不會覺得什麼名字都差不多。畢竟植物學家決不會拿拉丁文學名開玩笑！）。福鈞曾在一間旅館的花園中看到一株令他倒吸一口氣的柏木。這株柏木令他驚豔不已，迫使他必須克制自己切勿爬上牆壁、採摘柏木果實；這位英國間諜必須表現得像名紳士，務必抑制植物獵人般的衝動。最後……他更需要確保自己不引人注目，假裝自己只是名平凡的中國官員！他也曾經醉心於小檗，並將這種植物引進到歐洲。

在中國旅行期間，福鈞從未停止工作。他從 1848 年起開始向印度送交茶樹，但幾乎所有種子都在抵達印度前腐爛了。後來，他發現運送種子的好方法：將植物裝進迷你溫室「華德箱」。三年後，任務達成！兩萬株茶樹抵達印度的港口，即將栽種到印度的山脊上。這些植物還有旅伴：福鈞設法僱用了八名專精於種茶和製茶的中國工人，一起抵達印度。

直到今天，茶葉的成功從未中斷，仍舊是全世界最多人飲用的飲料，當然僅次於水，但勝過啤酒和咖啡，甚至法國酒也得甘拜下風。現在，想必你在品茶時會以全新的眼光看待茶葉。你或許會想像杯中的茶葉來自世界的另一端。如果喝到來自印度的好茶，可別忘了這位來自長城之外、遠道而來的一國之主。

茶香的祕密

茶葉為什麼有香味呢？山茶屬包含超過 100 種物種，但只有茶樹可以用來製茶。最近遺傳學為我們解開了一些茶樹的祕密。有間中國的實驗室定序了茶樹的基因，並與其他山茶屬的物種比較。這項研究足足花了五年！2017 年 5 月 1 日，該研究結果發表於《分子植物》（*Molecular Plant*）期刊。茶葉具有高濃度的咖啡因、類黃酮、兒茶素等化合物。山茶屬的所有物種都會產生這些物質，但茶樹生產得特別多。研究人員發現，茶樹的基因含有超過 30 億種鹼基對，是咖啡樹的四倍。事實上，部分基因定序彼此重複，彷彿複製貼上。

2

由漂泊的海盜自智利
帶來的豐滿水果

人類味蕾今天之所以能享受草莓的魅力，全賴海盜、植物學家、探險家、建築師暨間諜弗雷澤與這種水果命中注定的相遇。1714年，他從智利帶來幾株草莓，改變了世界史。

草莓
（*Fragaria chiloensis*）(L.) Mill.

本書不可能不提及這種改變世界面貌的植物（或說改變美食世界的植物）。若非這種植物，我們的童年便不再洋溢著相同的味道，甜點也將缺乏重要的原料，而我們的生活也將變得平淡無奇。

我說的是草莓！試想這世界沒了草莓醬、草莓巧克力、草莓塔、法國甜點草莓梅爾芭，或單單只是沒有一盒盒香豔欲滴的草莓……這世界上甚至還有一種將火雞睪丸放到草莓片上的料理，但我個人不打算嘗試這道美食……

每個人（或說幾乎所有人）都知道草莓。有些人或許過量攝食草莓，但那不在今天的討論範圍。若要認識草莓，首先得知道草莓屬於薔薇科草莓屬（*Fragaria*，看出來了嗎？和玫瑰同一科）。我不會拿過多植物學細節打擾你，譬如草莓的果實底部有著凸起的花萼、五裂的葉片、側生花柱、柱頭單一、花藥雙室、縱向開裂，而且……你還在聽嗎？

如果你需要更容易吸收的資訊，那只需要讀赫西耶（François Rozier, 1734–1793）在 1796 年出版的基礎植物學書籍，其中便提到「草莓有益健康，對身心各種層面都有助益。」好消息！如果你吃下了一整盒價格不菲的法國佳麗格特草莓，至少可以安慰自己草莓有益身心健康。就連瑞典博物學家林奈自己都是草莓的愛好者，他的痛風因此很少發作。

赫西耶認為，草莓對改善腎絞痛也有助益。

草莓：水果界的美麗誤會

烹飪美食時，草莓是種絕佳的水果，但在植物學也一樣嗎？草莓的果實並非我們食用的多汁部分，而是表皮上的微小黃色瘦果。人類食用的多肉部分並非由花朵的雌蕊轉變而來，而是花托的變形。因而，草莓自身其實就是道包含果實與花朵的水果沙拉！

來自薩伏依的間諜

說到這趟尋找美味多汁草莓的冒險，不能不提到主人翁：名為弗雷澤（Amédée-François Frézier, 1682–1773）的法國探險家。我不是故意要玩法文的文字遊戲，但這段故事中最大的巧合，便是弗雷澤的姓氏與草莓的法文名稱（fraise）相似！

事實上，這個巧合其來有自。弗雷澤的遠祖朱利烏斯·德貝利（Julius de Berry）在 916 年獲得法國國王查理三世賜姓弗雷茲（Fraise），藉以感謝德貝利在一次宴會後慷慨地送上一盤野草莓。德貝利的後人遷移到英格蘭，法國姓氏弗雷

茲便變為弗雷薩（Frazer）。之後，當有個家族分支在十六世紀末遷移到薩伏依（今法國東南部及義大利西北部）時，姓氏又變為弗雷澤（Frézier）。

我們故事的主角亞梅戴－弗朗索瓦·弗雷澤於 1682 年出生於薩伏依的尚貝里。當時人們已經認識野草莓。野草莓（*Fragaria vesca*）在法文稱為「野草莓」（fraisier sauvage）或「尋常草莓」（fraisier commun），原生於歐洲、北美洲和溫帶亞洲。文獻紀錄中，野草莓栽種最早出現於十四世紀。1368 年，羅浮宮的花園栽種了 12,000 株。在此之前，人們樂於前往森林採摘野草莓。路易十四十分貪戀野草莓的美味，但御醫禁止他食用野草莓。不過，太陽王才不會因此半途而廢，總是將盤中的野草莓一掃而空！

佳麗格特草莓如何成為貨架上的明星？

佳麗格特草莓總是購物籃或貨架上最耀眼的存在。該品種為「貝爾魯比」與「法維特」兩種品種的混種，由法國國家農業研究院在 1970 年代配種而來。當時的目的，是為了創造高品質草莓，藉以和西班牙草莓抗衡。

十六世紀起，麝香草莓（*Fragaria moschata*）在德國和比利時取代了野草莓。麝香草莓雖然外觀不比野草莓，但卻更豐腴、更香。要知道，水果和人類一樣以內在美為重。麝香草莓便贏在內在美，但這不是今天的重點。

稍後，法國探險家卡蒂亞（Jacques Cartier）在十六世紀末將北美洲草莓帶回歐洲，稱作維州草莓。

最後，終於來到今天的主角弗雷澤。身為檢察官之子，弗雷澤原本也應該潛心於法學，但他對法學不感興趣，認為天文學和地理學更為有趣。他也在義大利攻讀建築學，甚至考慮進修醫學或神學，以備開啟科學家職涯。最後，他選擇投筆從戎，成為軍事工程師。他的偶像是某位名為沃邦（Vauban）的防禦工事天才。接著，他在法國西部的聖馬洛工作，參與城區擴張工程。

1711 年，命運之神向這位冒險家伸出雙手：他獲派前往智利，偷偷研究西班牙治下港口都市的防禦工程。又是一名間諜！後世認為他也帶回了不少與智利有關的資訊：資源、地圖、風俗民情等。

這場冒險並不容易，途中危險重重。探險隊員目睹另一艘船艦失事，三名船員溺死，船隻則在一天內裂為碎片。最後，弗雷澤在 1712 年 1 月 6 日離開聖馬洛。後續的旅程也一

樣高潮迭起，更潛藏著來自敵對海盜的威脅。

在數個月偷偷摸摸地航行之後，弗雷澤一行人在同年 6 月 16 日——也就是五個月後——在康塞普西翁港靠岸。弗雷澤自稱是博物學家亞爾巴托，與當地官員一見如故，成為成功的序章。

🌿 發現智利的白色草莓

在弗雷澤旅行的開端，他的字裡行間洋溢著對探索和發現的熱愛：

宇宙的結構自然是人們欣賞的對象，也一直引起我的好奇心。自童年起，最能帶給我樂趣的，便是能讓我更認識宇宙的事物，譬如地球儀、地圖，以及最吸引我的——與其他旅人的聯繫。

他也提到一種塊根植物，經過大自然絕妙的設計，可以製成油炸食品：

智利康塞普西翁附近印第安人的主食是馬鈴薯（pomme de terre）或菊芋（taupinambour）。他們稱菊芋為「papas」，味道平淡無奇。

弗雷澤也是第一位以法文「pomme de terre」稱呼馬鈴薯的人。請原諒他將菊芋的法文拼成古怪的「taupinambour」，

畢竟當時法文還沒經歷拼寫改革（目前正確的拼寫為「topinambour」）。但搞混不同的植物就沒那麼值得原諒了：馬鈴薯和菊芋大不相同！前者是茄屬、後者是向日葵屬。什麼？不是每個人都應該知道這件事嗎？好吧……

在神奇塊莖作物的歷史上，弗雷澤甚至先於將馬鈴薯引入歐洲的帕爾芒捷（Antoine Parmentier）。由於馬鈴薯並未以帕爾芒捷命名，因而帕爾芒捷的知名程度較弗雷澤來得低。真可惜。不過，帕爾芒捷仍然以馬鈴薯對抗飢荒，拯救許多生命。弗雷澤便沒有這等功勞，畢竟草莓又不能填飽肚子。

回到主題，弗雷澤發現的是智利草莓。當我們的主角第一次見到智利草莓時，他發現這些草莓無比肥碩！至少和法國寒酸矮小的草莓比起來真的非常巨大。弗雷澤認為智利草莓「和雞蛋一樣大、和核桃一樣美」、「葉子更圓、更多肉、更多毛」，而果實則「白裡透紅，味道不如我們的野草莓細膩」。

抵達南美洲兩年後，這趟任務開始變化。1713 年的《烏特勒支和約》為這趟旅程畫上句點，並迫使探險隊員出逃。當時，我們的海盜、植物學家、探險家、建築師暨間諜被認為單純只是走私犯。

弗雷澤帶著幾株草莓回到法國。旅程很漫長，他在海上

航行了六個月。可惜的是，大多數的植株都沒能撐過去，只有 5 株活了下來。弗雷澤將 3 株送給植物學家安托萬·朱西厄（Antoine de Jussieu）以便裝飾國王的御花園，另將其中 1 株送給法國西部布雷斯特的國防部長。他也為自己留下 1 株。但卻有個小問題，他採集的都不含雄株，不可能用來繁殖草莓！弗雷澤原以為自己選擇了最美麗的植株，但卻只有帶著雌株回到歐洲。真是可惜……

🌿 來聊性事吧……草莓的性事

以人類味蕾的視角來說，這段故事可能並非美談，但結局十分美好。抵達歐洲的智利草莓與維州草莓結合（或說雜交，如果你比較喜歡這個用詞的話），現代人最常食用的草莓品種「鳳梨草莓」就此誕生！鳳梨草莓結合智利草莓的大小與維州草莓的風味。如果相反，變成尺寸小、味道貧乏的草莓，就太可怕了！請不要因為鳳梨草莓的名字，就以為這是草莓和鳳梨的雜交種。鳳梨草莓得名自其淡淡的鳳梨味道。

因而，鳳梨草莓成為第一批在栽種過程中配種而成的雜交種。可能是鄰近的不同植株自然雜交而成。

鳳梨草莓的命名者是法國農學家杜切斯尼（Antoine Nicolas Duchesne, 1747–1827），他喜歡吃、栽種和研究鳳梨

草莓。有些人提出假說，認為鳳梨草莓的雜交便是杜切斯尼的作品。這項假說難以證實，但也沒關係，鳳梨草莓的成就早已人盡皆知。

1766 年，19 歲的杜切斯尼便出版了《草莓自然史》。在草莓這個人人皆有興趣的領域中，《草莓自然史》成了暢銷大作。他在凡爾賽的國王菜園工作，並寵溺地栽培薩伏依間諜帶回來的草莓。這並不只是出於對農藝的熱愛，我們可以從杜切斯尼的 11 本大作中略知一二：他成為了科學史學家，師承植物學家伯納・朱西厄（Bernard de Jussieu），並出版了《論南瓜自然史》。針對生物分類的混亂，他決定規範草莓的名稱。例如，當時麝香草莓（*Fragaria moschata*）、綠色草莓（*Fragaria viridis*）和維州草莓（*Fragaria virginiana*）皆稱作「綠草莓」。

相信你已經注意到，愛好草莓和瓜科植物的杜切斯尼年紀雖輕，但絕不只是農學專家而已。他甚至與林奈在科學爭議上爭鋒相對。杜切斯尼可說是達爾文的前輩，基於自己對草莓性別的實驗結果，對物種不變的看法持懷疑態度。從今天的角度來看，植物性別便是物種演化的證據之一，但當時並不這麼覺得。即便林奈也接納植物性別的事實，並且針對植物的性器官制定分類，但植物性別的機制在當時仍是個謎。

在粗魯的世界中來首詩吧

噢！草莓！拉丁詩人

你在維納斯和她愛人

的胸懷裡成熟

我喜歡你喜愛的地方

在陰影裡，夜鶯

不停地調整他們溫情的音調

～節錄自杜邦（Pierre Dupont）1849 年的詩作《草莓》

杜切斯尼與林奈的辯論來自前者在凡爾賽國王菜園的一起發現：有顆草莓的葉片只有 1 片小葉、而非 3 片。杜切斯尼在《草莓自然史》中質疑道：

該怎麼看待這件事？我又該怎麼想呢？這是新的物種嗎？……新種正在形成，或僅只是一個變種？……在其他屬中，又有多少種被視為不同物種？我一直往這種全然不同的方向思考。（……）看起來，人們已知的概念中有些事情可能需要修正。然而，這些混淆其實來自不同作者使

用同樣的詞來稱呼完全相反的概念。

年輕的杜切斯尼思路可謂禁得起時間考驗！幾行之後，他寫下幾句革命性的想法，足以讓林奈寒毛直豎：

這個說法指出，必須透過物種細微而不停變化的差異，來區分物種固定不變的特徵，才能得到普遍結論。有些特徵不會變化，有些特徵則充滿變化。

沒錯，想必你已經注意到「充滿變化」！但請不要開始幻想草莓會突變成巨大的怪物，開始攻擊人類。當時的杜切斯尼雖然年僅 19 歲，知識的光輝就已經閃爍不已（當時正是啟蒙時代）。他是名先驅，認為物種並非萬世不變。腦袋只有智利草莓大小的創造論支持者們，快看看這個顯而易見、在今時今日已非新鮮事的道理。

杜切斯尼將幾株樣本送給林奈。林奈認為這是只有 1 片葉子的全新物種，命名為「*Fragaria monophylla*」。出於對這位著名瑞典博物學家的敬重，人們並沒有責怪林奈這點小小的錯誤。而且，林奈對年輕的杜切斯尼也多有讚美。

「fraise」不只是水果

　　如果你喜歡舊時的詞藻，我們接著要來介紹一些弗雷澤時代可能使用的法語詞彙，當年的弗雷澤也不知道當代法文豐富的詞彙庫中還收錄有「lol」（英語 laugh out loud 縮寫）、「koi」（與標準法文「quoi」同音，為疑問代名詞「什麼」）和「:-)」。在當年，法文的「fraise」還有許多其他意思。例如，在鐘錶業中，「fraise」（銑刀）是一種鑽頭。鐘表師傅和工匠使用銑刀，製作適合螺絲大小的孔洞。對於十八世紀的時尚商人來說，「fraise」（襞襟）是種有兩到三層絲帶的領子。在軍事領域，「fraise」（防禦圍欄）是圍繞著堡壘外圍的一排木樁，尖端處朝向敵人。對於老饕們，「fraise」一詞也出現在肉店和廚房中，用來稱呼牛肉和羊肉香腸的腸膜和腸衣。（《弗朗索瓦大辭典》第 11 冊，1770 年出版）

當代的不下六百種雜交種

弗雷澤在南海經歷波濤洶湧的旅程後回到法國，受到路易十四的熱烈迎接，並賜給他一些獎賞。不曉得年邁的太陽王知不知道他賞賜的對象可是位漂泊浪子！1719 年，弗雷澤再度遠航，前往多明尼加的聖多明哥擔任工程師，接著前往德國。直到 1740 年回到法國西部布列塔尼大區指揮防禦工事。

退休之後，弗雷澤住在布列塔尼大區的普盧加斯泰勒，編纂建築著作。他的著作含有大量自己發明的新詞，招致他人的批評。他發明了「tomotechnie」（砍伐技術）、「ichnographie」（建築物平面圖）等辭彙，連其他學者也感到頭疼不已。他也和一位姓氏恰如其分的植物學家符耶（Louis Feuillée, 1660–1732，其姓氏拼寫與「樹葉」〔feuille〕相似）惡狠狠地論戰。和符耶相比，弗雷澤的確是名更優秀的工程師，但在植物學方面可能不比符耶，畢竟術業有專攻。然而，符耶攻擊弗雷澤的原因，只是因為忌妒弗雷澤的遊記賣得比自己好！符耶在弗雷澤之前便曾到過智利，但沒想到要把草莓帶回歐洲。符耶還指控弗雷澤偽造經度紀錄。弗雷澤和符耶的論戰堪比總統大選辯論會！符耶更在自己的著作中凶狠地詆毀弗雷澤：他用一篇長達 40 頁、惡氣滿騰的序言來訓斥弗雷澤！

未來的草莓

既豐腴又美味、風情萬種又免於疫病。我說的並不是電視實境節目的明星，而是未來的草莓。研究人員與農夫致力創造高品質的新品種。有無數的測試正測量著許多雜交種的不同特性。

日本人也在鑽研未來的草莓，為了製藥……給狗！北海道有間工廠生產經過基因改造的草莓，其中含有犬用干擾素（蛋白質的一種）。當身體遭受細菌或病毒攻擊時，便會生產這種蛋白質。這種蛋白質也能對免疫系統產生作用。經過基因改造的草莓能夠有效治療犬隻的牙周病。這種藥物會製成藥丸，而非草莓塔或草莓夏洛特蛋糕。

我們的海盜暨植物學家享年 91 歲，以當年來說是個十分了不起的歲數。草莓則成為普盧加斯泰勒（編註 法國地名）的財富來源。後來草莓引入英國，取得巨大的成功。這種豐滿植物的旅程並未因此告終，至今仍主宰我們的市場。小心複製品的攻擊！草莓主要透過走莖（一種透過匍匐而拓展生長的莖）來繁殖。由於這種方式屬於無性繁殖，人們可以取得親本的複製品。

今天的世界上共有大約 20 種草莓物種，以及多於 600 種雜交種。每種草莓的命名都充滿創意：有可愛的「希福羅特」和「法維特」、優雅的「山谷女王」、跟上潮流的「馬斯特羅」，而「聖安德瑞斯」等加州品種也會讓你驚嘆不已。早年的品種也有十分令人目不轉睛的貴族稱號，如「蒂里子爵艾希卡特夫人」。以甜點來說真是個驚人的名字，「晚餐的最後，我們一起品嚐一些『蒂里子爵艾希卡特夫人』」，真是效果十足！還有一種草莓名叫「改善後的四季」，比義大利作曲家韋瓦第的《四季》還棒！

至於弗雷澤找到的智利白色草莓，在三百年後的今天重返人們的視線。在 2003 年，有些熱情農夫希望能將這種草莓帶回人們的日常美食行列。今天，人們再度對智利草莓感到興趣，即便價格已經水漲船高。畢竟物以稀為貴，對只認識

紅色草莓、認為草莓經過基因改造才變成白色的人而言，白色草莓令人垂涎三尺。請不用大驚小怪，這就只是重返日常生活的古老智利品種而已！

3

中國牡丹的搖滾冒險

洛克（Joseph Rock）是名古怪的植物學家暨冒險家，是《國家地理雜誌》特派員，也是名中國通。1925 年，他在一座禪寺中發現了一株灌木狀的美麗牡丹。或許這株牡丹今天已經在你的花園中綻放，但這種常見植物仍持續不斷地引起植物界名偵探福爾摩斯們的興趣。

紫斑牡丹
（*Paeonia rockii*〔S. G. Haw & Lauener〕T. Hong & J. J.
Li ex D. Y. Yong）

本章我們將描述老菸槍植物獵人發現花卉的非典型超凡歷險，他在全世界最高的山山腳下、一處宮廷的花園裡發現了牡丹花。這種敘事風格宛如童話故事，然而這段波瀾壯闊的故事更像是基於植物史的偵探小說！這項謎團使人們針對中國大書特書，並造成植物學界分門別派。

聽起來很有趣嗎？每個人都認識我們的主角植物。這種花卉在花園裡早已稀鬆平常，使人偶爾會忘記有些人們習以為常的物種其實來自遠方。歐洲人普遍認識的 40 種物種中，只有 13 種為歐洲原生種，且灌木全部來自亞洲。這種花卉的歷史源遠流長，在希臘、羅馬、中國或日本的神話故事中都具有超高曝光度。譬如，希臘傳說便提及這種花卉係由太陽神阿波羅之母勒托引入希臘。

芍藥：中國的超級明星

在回到過去了解紫斑牡丹（*Paeonia suffruticosa* subsp. *rockii*）的神奇發現歷程之前，我必須先提醒各位：如果紫斑牡丹的拉丁文學名令你驚懼不已，請記得法國小說家暨記者卡赫（Alphonse Karr）的名言：「植物學，便是在紙張間令植物乾枯，並以希臘文和拉丁文汙辱這些植物的藝術。」

芍藥屬的拉丁屬名「*Paeonia*」來自希臘神話中最早的巫

醫神明之一佩恩（Παιών）。希臘人將芍藥視作藥草。希波克拉底（醫師誓言的作者）將芍藥用為婦科疾病的處方藥：「這種療方可以促進月經，並使其固著。使用三或四顆黑色或紅色的芍藥種子，在酒中搗碎，便能飲用。」

1833 年出版的《普通療法及藥材的普遍辭典》也提及了早年醫師的說法：

沒有任何一種植物在古代的知名度可以超過芍藥。泰奧弗拉斯特、希波克拉底、迪奧斯科里德斯等希臘醫學之父，以及羅馬時代的普林尼皆曾提出一些微小、迷信且誇大的警示，告訴人們該怎麼採收芍藥的根部，也就是唯一可用的部位。要重述這些警示，簡直讓人難以啟齒。他們將這種植物視為來自月亮的聖物，並相信這種植物可以驅趕惡靈、抵禦風暴、保護莊稼等。他們還聲稱芍藥可以在黑暗中發光。

芍藥的分類

芍藥的分類非常複雜，是許多爭端的起源。常見的分類系統有兩種。

捷克植物學家霍爾達（Josef Halda）在 2004 年將芍

藥屬分為三組,重新分類了 25 種野生物種:

- 牡丹組:包含紫斑牡丹等灌木芍藥(大約 8 種物種)
- 北美芍藥組:包含加州芍藥(*Paeonia californica*)和美西芍藥(*Paeonia brownii*)兩種北美洲的物種
- 芍藥組:包含大約 22 種草本物種

中國學者洪德元等人(1993、1998、2003)在修改數次後,將芍藥屬分為兩類:

- 8 種灌木芍藥
- 32 種草本芍藥

芍藥是中國的超級明星,當地自三千年前便認識這種植物。「芍藥」在中文的意思就是「最美麗」,位列「花王」。隋煬帝就在皇宮中大量栽種芍藥。芍藥的價格可以非常驚人,每株可以等同一百盎司的金子(3 公斤)。1086 年,中國的園丁開始探討芍藥作為園藝花卉的可能性。1596 年,中國農人的植栽目錄中就已經有 30 種芍藥。今天的人類已經認識 40 種芍藥,包含灌木和草本物種。

偽造植物學文憑的天才

接著讓我們的目光移到具有神聖歷史的一種灌木芍藥。這種芍藥和一名經歷多采多姿、名字十分搖滾的探險家有關。這位探險家叫做洛克（Joseph Rock, 1884–1962）。他非常博學，經歷非凡，同時是植物學家、探險家、地理學家、攝影家和語言學家。真是多才多藝！只不過他的植物學學位是假的，切勿向外張揚！

讓我們回到故事的開端。約瑟夫—弗朗茲・洛克（Josef-Franz Rock）生於維也納。日後移民到美國時，他更名為約瑟夫・洛克。他父親是名門房，但並不是隨便人家的門房，而是非常富裕的波蘭貴族波托茨基伯爵家的門房。洛克還是小孩子時，便非常充滿活力、聰明狡黠。有一天，他在伯爵的書房中發現一本中文教科書！今天的小朋友忙著躲起來玩平板電腦，洛克則在夜間偷偷研究這門困難的語言。洛克非常認真地投入這項休閒嗜好，長大後還出版了自己撰寫的中文教科書！

對年輕的洛克來說，學中文十分簡單，他也學了匈牙利文、阿拉伯文（和波托茨基伯伯在埃及旅行一個月就學會了）、希伯來文、拉丁文和希臘文。這樣看來，他日後成為著名語言學家也不是什麼令人驚訝的事情。他的父親原希望

兒子成為神父，但洛克另有抱負……他對羅勒（basilic）的興趣高於大教堂（basilique）、對花萼（calice）的興趣多於聖餐杯（calice）、對花季（floraison）的興趣也多於禱告詞（oraison）。在多次短暫離家出走後，他決定再也不回家。洛克環遊歐洲，接著登上郵輪前往紐約。他先住在德州和加州，隨後前往夏威夷。別以為他在那一派輕鬆地彈著烏克麗麗，或是像美國影集《夏威夷神探》中的謝立克一樣穿著夏威夷襯衫漫步。洛克努力工作，受僱成為大學裡的植物學教授。當時的他一無所知，選了一個我不大推薦的方法來確保自己得以找到工作──偽造文憑。他對植物學有著極大的熱情，成為夏威夷植物的首席專家。在他居住於夏威夷的十三年間，他收藏有超過 29,000 種植物樣本。真是令人敬佩……他針對夏威夷的植物寫了 29 篇專文、2 本厚重的專書。人們敬稱他為「夏威夷植物學之父」。

　　洛克接著前往泰國和緬甸開始新冒險，尋找可以治療漢生病的神奇樹木「印度大風子」。他在《國家地理雜誌》刊登一篇文章，描述自己「狩獵」植物的經過。

　　他在 1921 年前往中國，在那裡開始一場壯麗的愛情故事。他住在山巒蔓延的美麗雲南。洛克喜歡危險：當地並不平靜，四處都有劫匪。此外，中國人並不怎麼歡迎外國人。

印度阿薩姆邦森林中的族
人，由洛克在 1922 年發現
印度大風子之後拍攝。

他也前往叛軍治下的果洛（譯註 位於今日青海省境內）。在
路上，他遇到了一名女士（裝成乞丐的樣子），竟是背上背
著鍋子、正在四處散步的隱退女歌手大衛一尼爾（Alexandra
David-Néel）。兩人很快產生好感，並終身保持信件往來。

第一位前往西藏的歐洲女性

大衛一尼爾（1868–1969）是名旅行家、東方學家和

作家，也是女性主義者和無政府主義者。她假扮成乞丐
或僧侶，成為第一位偷渡進入西藏、在拉薩過夜的歐洲女
性。1923 年，她先後在雲南麗江和茨中的禪寺遇見洛克。
在給丈夫的信件中，大衛─尼爾寫道：「他的到來令我推
遲了自己的行程，因為我不想在他之前離開，以免受邀尷
尬地和他同行。」

洛克在山間採集樣本，發現並收集了杜鵑花等無數植物。
他憑著踏遍世界、連邊緣地帶都要走過的熱情來完成這些工
作，同時還保有一定的生活品質。如果他生活在今天，一定
會懷疑趣岳（Quechua，法國連鎖體育用品專賣店迪卡儂旗下
品牌）背包的功效，更別提可笑的所謂自動帳篷。洛克隨身
攜帶的物品乍看之下有些奇異：留聲機和歌劇唱片、幾瓶好
酒（放心，不是中國酒，是法國波爾多的酒）、菸、書本（將
近 500 本書的小型圖書館！）、好用的露營材料，甚至還有
充氣浴缸。他還有一位私人廚師，為他製作奧地利料理、以
瓷碗裝盛。真是有遠見！

洛克可說是名「公子哥」探險家。不過，他終其一生都
在冒險中度過，請設身處地為他著想：他從未體驗過一間真

洛克

正的豪宅。

你可以想像，為了搬運這些家當，洛克不可能和大衛—尼爾一樣獨自且低調地旅行。一整個隊伍隨時等候他差遣，其中有騾、牛、馬、駱駝、腳伕、持武器的軍人……當然，他也帶著步槍和彈藥，未雨綢繆。這整個隊伍不可能神不知鬼不覺地穿越城市和鄉間。畢竟四處都是強盜，必須做好萬全準備。洛克並不害怕，他有著拳擊電影《洛基》主角一般的才能，絕非籍籍無名之輩。除了超級聰明、充滿冒險精神之外，洛克浮誇、浪漫又聰明。可別以為他光是泡在充氣浴缸裡聽著莫札特就滿足了。他在歷次遠征中帶回了數十萬種植物繪圖、數千種植物種子和相片。他探索了無數默默無聞的中國偏鄉、編纂第一本中國少數民族納西族的納西語字典，還成為《國家地理雜誌》的特派員、哈佛大學阿諾德植物園的攝影師及探險家。1924 年，洛克返回波士頓，透過與阿諾德植物園園長薩金特（Charles Sargent）協商，得以展開另一趟為期三年的遠征。他獲得遠遠超過所需的經費，啟程前往西藏的阿尼瑪卿山域探險。洛克在兩年前便結

識了英國將軍白瑞拉（George Pereira）。白瑞拉是大衛—尼爾的另一位友人，她將白瑞拉描寫為「充滿魅力、充滿英國上流社會的氣息；永不疲乏的地理學家、博學家及環球旅行家。」白瑞拉和洛克提及這座非常高聳的峻嶺阿尼瑪卿山。當下洛克的腦海裡便興起一個念頭：實地造訪阿尼瑪卿山。

福鈞筆下的芍藥

回到前幾章的間諜植物學家！除了茶之外，福鈞也從中國帶回兩打不同品種的芍藥。

福鈞於 1851 至 1852 年投書至《歐洲溫室及花園中的植物》期刊，說明如何栽種牡丹：「專門栽種牡丹的機構為數眾多，但規模都不大，和歐洲農舍的花園十分相像。人們也以相同的方式照料，也就是家族全員一同投入栽培工作、女性和男性分擔同樣的作業。這些女性十分貪財，非常熱愛金錢。」請不要誤解，福鈞並不是在為法國的女性解放運動撰寫說帖。

洛克在旅行期間結識不少人：國王、王公貴族、匪徒，

他也和當地人交好,當地人稱呼他為「洛博士」(音譯)。美國中央情報局也對洛克的筆記本充滿興趣,因為其中包含羅盤紀錄、海拔高度等實用資訊。洛克真的是位令人著迷的人物。他是我的「寵兒」之一。如果我回到青年時期,洛克的海報絕對會取代搖滾歌手(譯註)這邊有文字遊戲:洛克姓 Rock,而搖滾樂也是 rock)海報在我房間裡的地位!

拯救魚群的芍藥!

芍藥是許多研究的焦點。首先是基因研究:不同物種和品種之間的親屬關係本身就是道經典難題。

芍藥也是生物化學領域的焦點。最近(2016 年)有中國學者對灌木芍藥種子組成中的必需脂肪酸感到興趣。這種脂肪酸對人類健康來說簡直不可或缺。學者發現,這些種子中 Omega-3 和 Omega-6 的比例可為完美。大多數的芍藥——尤其是紫斑牡丹——具有高含量的 α- 亞麻酸。這種必需脂肪酸通常只能在魚類中發現。或許芍藥可以為海洋生物保育盡上一己之力?

洛克的冒險之旅可以說比法國冒險實境節目《蘭塔島》
（Koh-Lanta）或《北京特快車》（Pékin Express）中經安排
的旅程還來得精采萬分。他真真切切地是名學者、博學家，
真正的印第安納・瓊斯、真正的探險家！首先，他拯救了非
常珍貴的佛教經文。接著，他也拯救了一株芍藥。

洛克在甘肅探險時，在西藏一間偏遠的藏傳佛教寺廟掛
單，這間寺廟是探索周邊地區的完美根據地。當時是 1925 年，
他和卓尼土司（也是藏傳佛教的高僧）一見如故。雖然卓尼
土司看起來是名好好先生，但如果臣民並未在他經過時盡速
拜倒，便會遭受削去耳朵的刑罰。不過，他庇護洛克，讓洛
克住在卓尼。洛克在這裡住了兩年，而這裡的確是他從事植
物樣本採集的絕佳據點。他在《國家地理雜誌》上詳述自己
的冒險，也曾提到自己遭到 700 名臭味難聞的僧人包圍！（人
們談論佛教時，很少會提到這種細節。）

洛克取得了許多古老的藏傳佛教經書：《大藏經》中《甘
珠爾》和《丹珠爾》合計共 317 部。他將這些經書送往著名
的美國國會圖書館，以便充實該館稀缺的西藏館藏。運送這
些書本身也是場冒險：由一大批騾載運 96 大箱的書籍。在
十八天的旅程後，這批書籍抵達了陝西省省會西安府，在當
地停滯了六個月。不，這裡不是法國，所以不是因為罷工。

當時時局不穩，城內動盪不安。郵政人員遇難身亡、貨物遭竊。幸好匪徒對古老的西藏文書興趣缺缺……但郵政人員遇難仍令人十分難過。當時的洛克是否知道自己拯救了一批寶藏呢？數年後，佛教徒與伊斯蘭教徒爭鬥引發的火災燒毀了那座寺廟。不過，洛克也會成為另一起慘劇的目擊者。在甘肅南方拉卜楞的另一間寺廟，他親眼看見寺廟中掛滿藏人的首級。

野生芍藥還是混種芍藥？問題就在這裡！

回到植物學史。在海拔 2,788 公尺的寺廟露台上，洛克發現一種美麗的灌木芍藥：花瓣雪白且簡潔，中心呈粉紅色。他採集了這種芍藥的種子，開啟了一樁公案。巨大的爭議從此開始，結論仍在未定之天。

在洛克於 1938 年寫給植物學家斯特恩（Frederick Stern，專精於芍藥，在 1946 年出版了芍藥屬的專著）的信件中，他提到自己在卓尼土司的衙門（也是土司的官方住所）採集了這種芍藥的種子，並命名為「*Paeonia rockii*」。但也有其他文獻認為，卓尼土司本人給了洛克一小袋這種芍藥的種子。簡直是個謎團！接著，阿諾德植物園竟找不到樣本的紀錄。為什麼找不到相關紀錄呢？可能只是因為薩金特園長認為這

種芍藥只是一種園藝品種，不具科學價值。

因而，這裡主要的問題便在於這種芍藥究竟是不是移植到土司衙門中的野生新物種，或僅僅是人為雜交的產物，只是甘肅牡丹的其中一個品種。

神祕芍藥透露的種種線索：花花公子冒險家的謎之發現

我們的其中一條線索，便是洛克給斯特恩的信件中附帶的一張相片。那是土司的黑白照片，拍攝日期為 1925 年 5 月 18 日，不過照片並不清晰，畢竟當時並沒有 iPhone 或佳能相機。相片中還有一株灌木芍藥，特徵與紫斑牡丹相符。無論如何，洛克在給斯特恩的信件中提到，這種芍藥是野生物種。僧侶和他說這種植物來自甘肅省，但不知道確切位置在哪。直到 1990 年，植物學家昊（Stephen George Haw）和羅恩納（Lucien André Lauener）將這種植物命名為「*P. suffruticosa ssp rockii*」，列為牡丹（*Paeonia suffruticosa*）的亞種，並認為這種植物是野生種。其他植物學家則持不同觀點，認為這種植物應該是混種。畢竟中國人數世紀來都在為芍藥配種，這並非什麼令人意外的事情。

至於種子是否由洛克本人採集？一開始，人們的確這麼

相信。不過，相關樣本採集於 1925 年 10 月，而洛克當年曾出外數個月，詳細來說是從 8 月 13 日至 12 月 3 日。他其實無法採集這些種子，這些種子是由他的納西族朋友幫忙採集。

讓我們繼續這趟植物學考察。這些由洛克（或他的朋友）採集的種子也送到了世界各地的其他花園：英格蘭、德國、瑞士和加拿大等。然而，我們也無法證明這些種子的真正來源。如果要在這些謎團中撥雲見日，我們得變成植物學界真真切切的福爾摩斯。

這個謎團就此成了千古難解的公案，就如同洛克謎樣的一生，很難辨認真假。唯一真實的只有紫斑牡丹這一物種。只不過大多數學者都認為紫斑牡丹是牡丹的亞種，而牡丹又屬於灌木芍藥中的牡丹組。彷彿是個規則繁複的桌上遊戲，而且還更複雜。

🌿 小說與電影中的主角人物

洛克之後的人生仍然高潮迭起。他是個搗蛋鬼，還有著誇大其事的性格。有時他假裝自己消失無蹤，有時則假造阿尼瑪卿山的海拔高度，宣稱這座山比聖母峰還高。但阿尼瑪卿山的高度「只有」6,282 公尺。（跟世界屋脊的 8,848 公尺相差甚遠！）

抗皺芍藥！

科學家對白芍（*Paeonia lactiflora*）的藥性十分感興趣。在中國和韓國的傳統醫學中，白芍和其他植物可以煮成「升麻葛根湯」。這裡使用的是芍藥的根部。

近期的研究指出，升麻葛根湯可以有效抑制名為「基質金屬蛋白酶 -1」的酵素生成，並促進原膠原（膠原蛋白的前驅物。膠原蛋白是保存肌膚彈性的蛋白質）合成。大自然的力量真是奇妙！

洛克喜怒無常，最後與許多人鬧翻。他總是一下子熱情滿滿、一下子憂鬱重重，而且其行事作風難以預測。1941 年，當他錯過回夏威夷的班機，洛克的第一個反應是暴跳如雷。然而，塞翁失馬焉知非福，他因此得以逃過珍珠港事件。當毛澤東在 1949 年取得政權後，他便永遠離開了中國。

洛克於 1962 年在夏威夷與世長辭。他精彩的人生簡直可以寫成一部小說！法國作家凡（Irène Frain，譯註其作品《波娃戀人》的臺譯本將作者姓名譯為「依蘭‧凡」）的作品《女兒國》便達成此一壯舉，其故事便發想自洛克的一生。

洛克除了成為一種芍藥的命名由來之外，也是英國作家希爾頓（James Hilton）暢銷著作《失落的地平線》主角康威（Conway）的原型，該書於 1937 年由美國名導卡普拉（Frank Capra）翻拍為電影。洛克在《國家地理雜誌》刊登的文章成為香格里拉傳說的淵源。傳說中，香格里拉是個不為人知、天堂般的峽谷，其中的居民永遠不會變老。或許，洛克現在仍在香格里拉峽谷中生活著，和貓王一起……

另一位植物學界的龐德！

　　討論芍藥時，很難不提到對灌木芍藥充滿熱情的著名配種園藝家石米德（Peter Smithers, 1913–2006），他真的是名間諜。除了是著名園藝家外，石米德也是外交官和政治人物。《詹姆士·龐德》系列作者佛萊明（Ian Fleming）便是受到石米德生命故事的啟發，才創造出該系列的同名主角。兩人於二戰期間在巴黎相遇，佛萊明為石米德找到海軍情報員的工作，還給了他一支筆型手槍。

　　佛萊明注意到，石米德的妻子擁有一臺鍍金打字機。他將這項細節用於自己的小説《金手指》中。這部作品中還有一名叫做石米德的角色！

4

加拿大人參的興衰

每個人都知道亞洲的人參能帶來多種好處。不過,早在三個世紀前,人們也發現了美洲特有的人參,還造成市場轟動。這種人參的故事將我們帶往加拿大,認識傑出的外科醫師暨植物學家薩赫贊(Michel Sarrazin)。

花旗參
（ *Panax quinquefolius* L.）

這種植物的壯陽功效廣為人知。中國人鍾愛這種植物，而且他們並不是唯一喜愛這種植物的民族。此外，人們通常將這種植物與中醫聯想在一塊，但很少人知道其實加拿大也有這種植物，且相關的故事高潮迭起。本章節的主角就是人參。由於這種植物並非獨立完成這趟冒險，我們也將認識幾個凶神惡煞般的人物：喜歡河狸和食肉植物的外科醫生，以及分別在魁北克和中國冒險、勇敢的耶穌會士。

故事從北美洲開始，當時名曲〈我將回到蒙特婁〉（Je reviendrai à Montréal）尚未開始傳唱，而歌手席琳・狄翁（Céline Dion, 1968–）也還沒出生！當時這塊土地的名字還不是魁北克，而是新法蘭西（Nouvelle-France）。不過，許多今日的魁北克法文特有詞彙已經在當地廣為流傳，例如「osti de câlisse！」（粗話，字面意思：聖杯中的聖體）、「quossé tu crisses？」（你在做什麼？）、「ça pas d'allure！」（這不合理）、「c'est niaiseux」（好愚蠢）、「tabernak！」（粗話，字面意思為「聖龕」，即天主教教堂中存放聖體的櫃子）。

十七世紀末，加拿大仍是個偏遠的蠻荒之地，那裡的法國殖民地人口只有一萬五千人，其中便包含今天的主角：雖然姓氏和蕎麥（法語：sarrasin）相近，但對蕎麥完全沒有興趣的薩赫贊（Michel Sarrazin, 1659–1734）。在發現新種人參

之前，薩赫贊的人生可謂充滿刺激……

前往新法蘭西的理髮師暨外科醫生

薩赫贊在 1659 年 9 月 5 日生於勃根地。他來自下博訥尼伊，也就是今天的著名紅酒產地尼伊聖若爾熱，但這不代表他就是名嗜酒成性的酒鬼。我們的主角無福享受故鄉的美酒，在 1685 年便離開法國、前往新大陸擔任船醫。他登上勤勉號，並在橫越大西洋的航程勾搭上新法蘭西總督德農維爾侯爵的千金。然而，這段戀情並未發展成綿長的羅曼史：兩人出身背景大有不同，且薩赫贊並不符合女方母親對女婿的期望。

法國畫家明雅爾（Pierre Mignard）繪製的薩赫贊肖像。
（有人認為畫中人物其實是同名同姓的別人）

真可惜沒辦法和各位分享一些八卦故事……

醫學在新法蘭西占有重要的一席之地，且當地的醫院由宗教團體經營。薩赫贊彷彿是當地的羅斯醫生（美劇《急診室的春天》中的角色）：為軍人和官員的傷口治療，博得優異名聲。

在當時，醫學和外科手

術是兩門完全不同的學問。外科醫生是個「卑賤的職業」，而醫師則是「智者」。此外，外科醫生這門職業還和理髮師緊密相關：當時的理髮師同時會處理放血、理髮和刮鬍子！當時的醫療環境充斥無數假醫生、庸醫和江湖術士，薩赫贊馬上便從同行中脫穎而出。德農維爾侯爵很快地也認可了薩赫贊的才能，任命他擔任部隊的外科醫生。侯爵帶著薩赫贊征戰四方，打擊北美原住民易洛魁人的一支法文族名很難念的盟友：對殖民者懷有敵意的賽尼卡人（法文又稱「Tsonnontouan」）。他治療的對象包括 1690 年魁北克戰役的倖存者，以及幾位在決鬥中受傷的軍官或平民！

🌿 哈利波特風格的藥方

　　薩赫贊遠遠不只是名「理髮師暨外科醫生」。他撰寫了一篇重要的紀錄，題名為「國王陛下在加拿大的部隊 1693 年派遣期間必要藥物紀錄」。後世得以從中一瞥當時醫學使用的植物與物質：浸鹽橡果水、精選大黃、普通蜂蜜、綠茴香、紅罌粟糖漿、艾草油、淚乳香、秘魯香、馬兜鈴、乳香樹、月桂樹、礦物晶體、血竭、液態普羅萬玫瑰罐頭、石榴糖漿、草木樨膏、威尼斯松節油、勃艮第豌豆、硫磺，還有許多名稱奇異的物質，令人以為是《哈利波特：神祕的魔法石》中

的神奇藥材。

薩赫贊在第一次造訪加拿大時，便結識了國王御用的水文學家及地圖繪製員富蘭克蘭（Jean-Baptiste Franquelin）。富蘭克蘭是幾乎將整個法屬北美洲盡繪筆下的偉大科學家之一。薩赫贊原本猶豫是否該在加拿大落地生根，但他很快便放棄了這個瘋狂的想法，在 1694 年回到法國。他自知缺乏相關學科訓練，因而花了三年攻讀醫學，那時正是醫學史的關鍵時刻。世界即將邁入十八世紀，醫學也持續進步，學界有了個驚天動地的發現：血液在血管中流動！薩赫贊彷彿體現了法國作家莫里哀的作品《無病呻吟》，深深著迷於莫里哀諷刺的古老治療手法：洗腸、放血和服用瀉藥。

薩赫贊原本想前往索邦大學深造，但當他見到傲慢地自稱「慈善家」、戴著可笑的假髮、穿著紫色長袍、無法制止自己說拉丁文的同學時，便逃走了。他選擇拜御醫暨植物學家法貢（Guy Fagon, 1638–1718）為師。同時，他也即將參與一起歷史性的會面，結識十七世紀最偉大的植物學家圖爾納弗（Joseph Pitton de Tournefort, 1656–1708）。圖爾納弗分析花冠和果實的特性，進而提出分類植物的新方法，啟發當時的不少人。薩赫贊從此開始在圖爾納弗門下研究植物世界，1697 年於法國東北部的漢斯完成論文答辯。

在新法蘭西行政長官尚皮尼的堅持下，薩赫贊在 1697 年搭上吉倫特號回到新大陸。其實，尚皮尼沒花多少力氣就說服了薩赫贊：他早已深深愛上這片土地！薩赫贊從此頂著御醫的榮譽頭銜，而且很快便獲得首次發揮自身才能的機會：還沒下船，船上便發生紫斑症大流行。從這趟旅程第一次在新大陸中途停靠開始，他便開始採集植物樣本。抵達魁北克後，他對抗了不少流行病：流行性感冒、天花、黃熱病。除了抵禦病毒外，他很快也中了植物學和動物學的毒。薩赫贊更受提名為巴黎皇家科學院的通訊會員。法國國王路易十四十分看重科學，在 1666 年建立這所學院，成員眾星雲集。透過該學院，薩赫贊得以和當時最著名的科學家交流：牛頓、豐特奈爾（Bernard Le Bouyer de Fontenelle），以及動物學界的瑞奧穆（René Antoine Ferchault de Réaumur）、植物學界的圖爾納弗和瓦揚（Sébastien Vaillant）。簡直是夢幻全明星隊！

🌿 發現一種食肉植物

在行醫的同時，薩赫贊也成為了多才多藝的博物學家（但不一定魯莽）。他在一封信中寫道：

在加拿大採集植物樣本，和在法國不同。踏足全歐洲

非常輕鬆，在加拿大行走 100 里格（譯註 法國古代的長度單位，1 里格約為 4 公里）還比較危險。

薩赫贊是不是有些誇大了？他當然不是在爭取更多預算。不過，當他受派前往圭亞那的叢林或中國內陸地區，而他一句當地語言都不會說時，就比較不會抱怨加拿大了！他難道就這麼怕魁北克的小蟲子，就好像這些小蟲都是巨型蚊子似的？

有一天，當他正在乾泥炭土層中採集植物樣本時，遇見了一種奇異的未知植物。這種植物有著紫色的號角狀葉子，葉片內側布滿細毛。在號角最裡端，有些昆蟲陳屍在有毒液體中。花朵則紅綠相間，彷彿是倒置的雨傘。美麗的花朵、葉片的血腥祕密都深深吸引著薩赫贊，但他並沒有忘記自己正面對著一種殺手植物，可以將動物誘入陷阱、生吞活剝！他採集這種神祕植物，並送到法國。這種植物此後繼續吸引大小朋友的目光，並獲得「食肉植物」的稱號。

圖爾納弗為了向好友薩赫贊致敬，將這種植物命名為「*Sarracenia purpurea*」。時值 1698 年，必須要再過兩個世紀，達爾文才會證明部分植物具備消化昆蟲的能力。因而，腦袋聰明的薩赫贊未曾思索過類似想法也就不足為奇。不過，他已經將這種植物的葉子與「嘴巴」相比，並寫出「嘴脣」和

「印度母雞的鬍子」等描述。（呃……你有看過印度母雞的鬍子嗎？）印第安人原本就認識這種植物，將這種植物稱為「蟾蜍草」或「豬耳朵」。

薩赫贊發現的紫瓶子草（*Sarracenia purpurea*）。
（圖片來源：Kerner von Marilaun, A.J., hansen, A., Pflanzenleben : Erster
Band : *Der Bau und die Eigenschaften der Pflanzen,* vol. 1）

　　薩赫贊持續從事植物學研究，並花費二十年編纂《加拿大植物名錄》。他經常向法國的筆友寄送植物樣本、報告和紀錄。他寄出的樣本常常附上該植物在加拿大當地的治療用途。例如，當他介紹斑葉毒芹（*Cicuta maculata*，當時學名為 *Angelica canadensis*）時，便提到這種植物「比毒參還可怕，

令人痙攣而死，沒有解藥」。薩赫贊自稱曾見過三個人因為這種植物死亡。其中之一是一名工人，他以為自己吃的是歐芹根部，在一個半小時後身亡。薩赫贊更明確指出「生吃這種植物的人會在可怕的痙攣中死亡，熟食的人則會昏迷不醒。」看起來熟食好一些，不過⋯⋯最好還是完全不要吃啦！不過，如果你想要擺脫令人討厭的死對頭，可以考慮看看薩赫贊醫生的神祕配方⋯⋯

在採集樣本的同時，他也發現了一種名為楤木（*Aralia*）的植物，這種植物遍布在加拿大的叢林中。當地的醫生會利用其中一種楤木的藥性：煎煮這種植物的根部，使用得到的飲品來治療水腫。另一種楤木則可以製成膏藥，用來治療頑固性潰瘍。令人難以想像的是，這種植物和未來的明星藥材——人參緊密相關。

糖楓、河狸和臭味難聞的動物

薩赫贊的故事也和另一種植物有關：糖楓。有些人認為糖楓的發現人就是薩赫贊，但薩赫贊比較有可能只是鑽研了這種植物而已。我們不曉得他是否也喜歡鬆餅和楓糖，不過，我們能夠對這種加拿大的代表性植物瞭若指掌，得感謝薩赫贊的研究！此外，他的貢獻也不限於植物。

薩赫贊也是名動物學家，更是一種加拿大知名物種的發現人——河狸。他十分深入、非常深入地研究河狸，他應用了外科醫師的專長，解剖了這種動物⋯⋯不過他也抱怨缺乏解剖的工具（你看，又來了⋯⋯），只得借用狼的力量——對薩赫贊而言，狼是珍貴且萬能的工具。

　　1700 年 10 月，他向法國學界傳達自己對河狸的研究，由圖爾納弗向皇家科學院發表。他也對貂熊（目前的學名為 *Gulo gulo*）充滿興趣，這種動物又名狼獾。數年後，則輪到著名博物學家瑞奧穆代表薩赫贊發表對麝鼠的完整研究。瑞奧穆指出，研究這種動物十分不容易，因為麝鼠實在是臭味難聞：

　　薩赫贊先生為了這次研究付出的代價令人難以想像，他是少數可以在不斷散發麝香的環境中持續進行研究的人。曾有兩次，薩赫贊先生以為自己的嗅覺已經遭到麝香完全剝奪。我們不是解剖學家。如果我們從事相同的研究，就要付出同等的代價，不得抱怨。

　　動物學家的職業生涯並不容易，必須得付出全副身心！同時，薩赫贊也持續探索加拿大的自然環境，尤其側重植物。在採集樣本的某一天，他遇到了即將在歐洲掀起巨大熱潮的植物，我們總算要介紹這種植物了！

萬靈丹般的植物

1704 年，當薩赫贊在楓樹林中採集樣本時，他注意到一種未知的草本植物。葉子由 5 片小葉組成、成串的紅色果實，最令人注目的，則是長得像人類下肢的根部！北美原住民易洛魁人將這種植物稱為「人腿」或「大腿和小腿」。薩赫贊將這個新品種植物命名為「*Aralia humilis fructu majore*」，日後的學者則重新命名為「*Panax quinquefolius*」。這種充滿生命力、根部散發香氣的植物，便是花旗參。

這項發現便是日後巨大商業成就的開頭，也引發了當時植物學界的爭端。此外，這種植物使得易洛魁人和遙遠他方的另一支民族產生了共同的特點——這裡說的就是中國人！中國人自數千年前便開始使用人參，並由耶穌會士在 1711 年首次記錄在西方文獻中。法國神父杜德美（Pierre Jartoux）受命於中國皇帝，著手描繪長城以北的地圖（譯註 此處的中國皇帝即康熙，該地圖為「皇輿全覽圖」的一部分）。他注意到有種植物的根部具有藥性，並將詳盡紀錄撰寫在「致印度和中國傳教區總巡閱使的信件」中。在該信件中，他描寫了這種植物、其藥性，以及對中國經濟的影響。

1713 年，這封信收錄於一本題名十分引人注目的書信集中，書名為《令人受益且有趣的信件》（譯註 簡體版為《耶穌

會士中國書簡集：中國回憶錄》，2005年由大象出版社出版）。信件開頭如下：

我們遵中國皇帝之命測繪韃靼地圖，使我們有機會見到了人參這種著名植物，它在中國備受重視，在歐洲卻鮮為人知。1709年7月底，我們到了距朝鮮王國僅4里格之遙的一個村子，那裡住著人稱Calca-tatze的韃靼人。他們中有一個人去鄰近山裡挖了四株完整的人參，放在籃子裡帶給我們。

幾行之後，杜德美描寫了令人參在中國備受尊崇的諸種藥性：

中國許多名醫就這種植物的特性寫下了整本整本的專著，他們給富貴人家開藥方時幾乎都會加入人參，但對尋常百姓來說價格就顯得太貴了。中國醫生們聲稱，人參是治療身心過度勞累所引起衰竭症的靈丹妙藥，它能化痰、治癒肺虛和胸膜炎、止住嘔吐、強健脾胃、增進食慾；它能驅散氣鬱、醫治氣虛氣急並增強肺部機能；它能大補元氣、在血液中產生淋巴液；人參同樣適用於治療頭暈目眩，還能使老人延年益壽（……）我相信，如果精通製藥的歐洲人有足夠的人參進行必要的試驗，透過化學方法測試其

特性並根據病情適量對症下藥，那麼人參在他們手裡將成
為上等良藥。

　　人參因而成為中國人口中的仙丹妙藥，可以治癒所有疾
病。杜德美自己便親身測試人參的藥效，並注意到人參對身
心疲憊的確有改善效果。杜德美是西方第一個記錄人參的人。
他提及人參的生長環境（也就是今天植物學所稱的「棲息
地」），並推測別的國家也可能生產人參，尤其是加拿大。

人參的良效？

　　聖瓦（Lucas Augustin Folliot de Saint Vaast）自 1736
年起開始為史上第一本有關人參藥效的論文答辯。他的論
文題目為「人參適合當補品嗎？」他的答案是肯定的，論
述也大幅度受到中國學者的影響。例如，他的論文中有以
下段落：

　　你將為年長者和羸弱的人賦予元氣和活力，延長他們
元神飽滿的期間等等。

　　人參以驚人的力道，使因愛情而傷神的人恢復活力。
無論病患罹患急症或慢性病，沒有藥物的功效比得上人
參。

> 饕客和酒客都能受益於人參的功效。
>
> 　　直到十九世紀下半葉，人類才第一次對人參進行化學
> 分析，並證實其中含有皂素等化合物。
>
> 　　人參也含有維他命、纖維和人參皂苷。其藥性如今廣
> 受認可。

　　兩年後，新法蘭西的耶穌會傳教士拉菲托（Joseph-
François Lafitau）在魁北克市閱讀《令人受益且有趣的信件》。
他在書中找到有關人參的這段著名段落，並決定要踏上旅途，
尋找杜德美所描寫的植物。既然杜德美說人參也棲息在加拿
大，那就出門尋找吧！很快地，他便想到找到這種植物的最
佳方法，也就是詢問最熟悉加拿大藥用植物的人——印第安
人。易洛魁聯盟各族的族人也協助這位白人神父從事藥草研
究。有一天，拉菲托偶然在部落附近發現一株長得很像人參
的植物。一名摩和克族人向拉菲托確認，長期以來，易洛魁
人便使用這種植物作為藥草。拉菲托向印第安人們展示杜德
美繪製的植物插圖，而族人們馬上認出了人參。這可能是歷
史上頭幾件將原住民傳統知識用於科學研究的真實故事。

　　拉菲托出版了《在加拿大發現韃靼珍貴植物的回憶錄，

由尤瑟夫・拉菲托神父撰寫》一書，並在 1718 年於巴黎皇家科學院發表他的發現。座上賓客都是當時的頂尖科學家：瑞奧穆、豐特奈爾，以及植物學界的明星朱西厄（Antoine de Jussieu）及伊斯納（Antoine-Tristan Danty d'Isnard）。圖爾納弗當時已經因車禍離世⋯⋯可憐的他遭到手推車撞擊而與世長辭。新一輪的科學界論戰自此開始。拉菲托描述的植物究竟是不是人參呢？和中國的人參是相同的物種嗎？首先要討論的問題其實是方法論，畢竟植物學家認定物種時必須遵循嚴格的規則：發現人必定得是科學院院士或受認可的科學家，但拉菲托是名神職人員，帶著較為宗教而非正式的視角。此外，科學家透過植物的解剖構造和花朵的構造來辨別物種，而拉菲托則從更寬廣的視角出發，透過這株植物在新大陸當地的用途來辨別。拉菲托宣稱，原住民具備真正的生態學知識，而耶穌會則是新舊大陸間的中介者。

雖然這是拉菲托第一次親身到訪皇家科學院，但院士們早已花費一年討論有關北美洲人參的相關問題。例如伊斯納就指責拉菲托將加拿大的人參與中國的人參混為一談，也認為不應將北美和亞洲的文化脈絡相比較。不過，朱西厄和瓦揚則認為拉菲托的論證有效，但北美洲人參的發現人仍然是薩赫贊。

兩大陸間的連結

拉菲托的發現（這位神父搶了一些薩赫贊的風采）以及相關的爭辯很快便超出了植物學的範疇，帶我們前往有關地理學和民族學的領域。拉菲托博學多聞，他的知識系統與思想都與科學院院士不同。他的確帶著宗教視角，但基於他對原住民風俗的觀察，後世也將他視為人類學先驅。1724 年，他出版《美洲野人風俗：與原初年代風俗相較》一書。當人類發現亞洲和北美洲都有人參時，有人認為這代表兩個大陸間具有連續性。當時的人們雖然「發現」了美洲，卻忽略的美洲的北方疆界與亞洲相連。而人參則證明了中國人與易洛魁人之間的親緣關係！

在無數場由全科學界參與的論戰之後，學界終於確定拉菲托所言非假。這起爭議之所以造成不少科學家混淆，或許是因為人參所屬的五加科有許多相近的屬。除了人參屬之外，楤木屬也屬於五加科。（花旗參則是真正的人參）

回到薩赫贊，他稍晚才承認自己在 1704 年第一次將植物樣本寄到法國時，並未馬上將這株植物與中國的人參聯想在

一起，他當時以為這是楤木屬的植物。不過，薩赫贊也受益於人參的諸多好處。在他 1717 年 11 月 5 日寫給皇家圖書館員比農（Jean-Paul Bignon, 1662–1743）的信件中，薩赫贊寫道：

> 本人向皇家植物園寄送人參根。我請瓦揚先生向貴園寄送乾燥的人參根部。如果您年老，便能因此回春。如果您非常樂意永保青春，人參根則能延續您的青春年華。

天啊，這到底是天真的說詞，還是在阿諛奉承？

在十八世紀引發熱潮的植物

在加拿大發現人參引發了令人意想不到的風潮。人參根在中國的販賣價格宛如黃金，可謂是一場淘金熱！十八世紀時，人參是加拿大第二大出口商品，僅次於河狸毛。人參雖然不比河狸毛保暖，但可以令人保持清醒！

新法蘭西的商人們自此不再種植小麥，而是衝往樹林，準備採摘這些人形的植物根部。人參的價格則因供需增減而漲跌。如果人參價格高，田野間便杳無人煙，加拿大人都在樹林裡採摘人參，畢竟當時還沒有永續經營的概念。如果人參價格不好，人參存貨則停在碼頭的倉庫腐爛，沒能離開魁北克。

五加科和藍色小精靈的故事

五加科有大約 400 種物種，可分為大約 50 屬。在這 50 屬之中，除了人參屬和楤木屬之外，常春藤屬也廣為人知。

人參屬有 13 種物種（或因為不同植物學家對同義詞的不同看法，可能有更多種），其中包含花旗參和亞洲參。1753 年，瑞典植物學家林奈將花旗參命名為「*Panax quinquefolius*」，亦即「五葉人參」。大約一世紀後，為俄羅斯帝國工作的德國植物學家暨探險家梅耶（Carl Anton von Meyer, 1795–1855）記錄了高麗紅參（和亞洲參為相同物種），並在 1843 年將高麗紅參命名為「*Panax ginseng*」。「*Panax*」來自希臘文，「pan」意思為「全部」，而「*akos*」意思為「治療」，也就是萬靈丹的意思。

雖然商店將人參分為紅參和白參，但其實兩種人參是同一個物種，只是製程不同。紅參來自生長至少六年的根部，並以燉湯和甜湯泡製。

最新發現的人參屬物種之一則是越南參（*Panax vietnamensis*），在 1973 年於山區發現。越南參如今十分罕見，其根部的價格可與黃金比擬。

裸莖楤木（*Aralia nudicaulis*）是魁北克的一種楤木，在當地稱作「salsepareille」。而法國法文的「salsepareille」指的則是穗菝葜（*Smilax aspera*）——也就是比利時漫畫《藍色小精靈》中神奇生物藍色小精靈最愛食用的食物！在魁北克，裸莖楤木經常用於民俗療法。「salsepareille」在兩國的差異剛好可以提醒我們，俗名並不具有科學價值。為了避免把不同物種搞混，最好還是得回去看看古老的拉丁文學名！

淘金熱、追求產量、受利益誘惑：人們並沒有耐心等待正確的人參乾燥流程，而是直接把人參放進烤爐。結果就是人參產品的品質不好，變成浪費。由於人參幼苗需要三年才會開花結果，人參復育的速度趕不上市場需求。

於是，加拿大當地出現了新的語言用法：「和人參一樣倒下」（tomber comme le ginseng），意思就是一蹶不振。記錄這種流行語的，便是植物學家和《聖羅倫斯河谷植物大全》的作者馬利—維克多杭（Marie-Victorin, 1885–1944）修士。

今天，由於人類濫採野生人參，以及棲息地遭到破壞，加拿大的花旗參嚴重瀕臨危險。不過，加拿大仍然是花旗參

的第一大生產國，每年有三千頓花旗參運往中國等亞洲市場。韓國人也十分迷戀人參，每年皆舉辦人參節。

至於全身心投入工作的薩赫贊，他在 53 歲時迎娶 20 歲的富家小姐瑪麗・安・雅澤（Marie Anne Hazeur）。結婚證書上薩赫贊只有 40 歲。到底單純只是個錯誤，還是薩赫贊想要在太太面前裝年輕呢？75 歲時，一生為工作鞠躬盡瘁的薩赫贊在一次發燒期間與世長辭。

薩赫贊至今仍在魁北克十分有名，但主要是因為他在醫學方面的成就。1700 年 5 月 29 日，他執行了一場令自己聞名後世的歷史性手術：在沒有麻醉或止痛的協助下，為蒙特婁聖母修會會長瑪麗・巴畢耶修女（Marie Barbier, 1663–1739）進行治療乳癌的手術。不過……還是用了一點鴉片啦。病患又活了三十九年。相關文獻並沒有說明薩赫贊給修女的藥方是否含有人參。

5

來自亞馬遜雨林的成功故事：可以製作泳帽、輸尿管和緊身衣物的植物

許多人都能自在地自稱是橡膠的愛用者。不過，很少人知道這種引發產業革命的物質其實來自一種名為「橡膠樹」的植物。而橡膠樹則是由法國的機智工程師弗雷諾（François Fresneau）在圭亞那發現。

巴西橡膠樹
（ *Hevea brasiliensis* 〔Wild ex A. Juss〕Müll. Arg.）

如果沒了這種物質，世界會是什麼樣子？試想沒有輪胎的汽車、沒有奶嘴的奶瓶、沒有腳蹼和潛水服的潛水器材、沒有橡皮擦的鉛筆、沒有黃色小鴨的童年⋯⋯

這種質地特殊的材質便是橡膠。橡膠來自原生於亞馬遜叢林、名為「巴西橡膠樹」的樹木（*Hevea brasiliensis*，命名來源就是因為這種植物生長於巴西）。不過，歐洲人首次注意到的橡膠樹其實是圭亞那橡膠樹（*Hevea guianensis*）。樹如其名，這種橡膠樹生長於圭亞那。

在歐洲人「發現」橡膠樹的時代（印第安人當然很早就認識了這種植物），圭亞那是個鮮為人知的蠻荒之地，沒有火箭發射場也沒有淘金客。當時也不流行生態旅遊、T 潘趣酒（ti-punch，一種蘭姆酒的調酒）或卡宴辣椒。當時的人也從未想到，這種看似平凡的熱帶樹木即將引發高潮迭起的植物和經濟熱潮⋯⋯偶爾還有些悲壯。

🌿 這位巧手的工程師正在尋找會哭泣的樹木

第一位對橡膠產生興趣的人，是脊修德里領主、加陶迪耶的弗朗索瓦・弗雷諾（François Fresneau de la Gataudière, 1703–1770），他在 1703 年生於牡蠣的原鄉、法國西南部的馬雷訥。他的全名看起來充滿上流社會的氣息，我們在這本

書中稱呼他為弗雷諾就好。

弗雷諾本人似乎遭到歷史遺忘，但他的發現和成就改變了世界。就如同法國歌曲〈塑膠超讚〉的歌詞：「塑膠超讚，橡膠超柔軟」！今日的人類已經可以羅列出超過 25,000 種不同的橡膠用途。

路易十五的海軍大臣莫爾帕伯爵菲利波（Jean-Frédéric Phélypeaux de Maurepas, 1701–1781）任命弗雷諾為圭亞那首府開雲的皇家工程師。弗雷諾當年 29 歲，而且熱情滿滿。

屬與種

1775 年，法國植物學家福瑟－歐布雷（Jean-Baptiste Fusée-Aublet, 1723–1778）為橡膠樹屬（*Hevea*）命名，命名緣由則是圭亞那橡膠樹。至於第一批送到法國的巴西橡膠樹樣本，收件人則是 1785 年的拉馬克（Jean-Baptiste de Lamarck, 1744–1829）。

弗雷諾的第一份工作便是研究新堡壘如何搭建。他也需要採收植物，以便充實皇家花園。他對當時圭亞那的可可園

十分感興趣。工程師弗雷諾的得意作品中，最令他得意的發明作品是……蟻巢毀滅器！果真是自由奔放的年輕人。當時，可可園遭受紅螞蟻入侵，而充滿創意與膽識、彷彿十八世紀馬蓋先（譯註）美國冒險影集《百戰天龍》主角）一般的弗雷諾便發明了可以將硫磺吹進蟻巢的機器。螞蟻因此蒙受苦難。他持續搭建非常實用的引擎：將溝渠斜坡上的泥土提起並移走的起重機、磨碎木薯或小米的手磨機、從木薯根部榨出水分的壓縮機。他還策畫了奧亞波克河新哨所的防禦工事。

　　弗雷諾被自己的成功沖昏了頭，希望加官晉祿，要求升任上尉。當時的圭亞那監察專員也認為弗雷諾「熱情澎湃，宛如英雄」。然而，他卻受到其他殖民地老長官和開雲教士社群的忌妒，升官之路受阻。於是，弗雷諾前往鄉間，僱用八名「黑人」（請記得，當時的法國人仍使用「黑人」、「野蠻人」、「生番」等稱謂來稱呼和殖民者長相不相似的族群……），並種植甘蔗、木藍等植物。他也持續發展自己的防禦工事專長，發明了一種可以用來製磚的泥沙混和物。真是位天賦異稟的工程師啊！

樹木哭泣時流出的乳膠

在弗雷諾的年代，人們以「樹脂」、「樹液」、「樹膠」等詞彙來稱呼橡膠樹的「眼淚」，但這種汁液其實是乳膠。

樹液是一種流體物質，在植物的韌皮部中循環流動，以便傳遞營養物質。樹脂則是植物在樹脂道中排泄的物質。而樹膠是由特殊的細胞產生，可以協助特定植物抵禦侵襲。

至於乳膠，其實是植物細胞壁中含有的物質。除非植物受傷，否則不會流出。乳膠流動產生巨大的水分壓力，使乳膠管道成了取得礦物質和有機成分的一口井。

之後，弗雷諾回到法國，將一箱箱植物樣本帶給皇家植物園總管杜菲（Charles François de Cisternay du Fay, 1698–1739）、將上好木材帶給菲利波大臣，並為情人安柏侯爵夫人帶來咖啡。你能夠想像弗雷諾戀上有夫之婦嗎？真是神祕難解……無論如何，安柏侯爵夫人在菲利波大臣面前不斷支持弗雷諾，幫助他仕途順遂。1738 年，弗雷諾與海軍上尉之女賽希爾・索蘭－巴鴻（Cécile Solin-Baron）結縭，兩人育有

八名兒女。接著，弗雷諾又回到圭亞那，當時有許多海賊正在侵擾圭亞那的海岸。

1747 年，弗雷諾開始投入尋找橡膠樹的旅程。當時的知名學者、金雞納樹發現人拉孔達明（Charles Marie de La Condamine, 1701–1774）已經注意到這種植物。他發現這種植物流出的樹脂可以塑型，並於 1745 年在皇家科學院的研討會中發表。然而，院士們帶著尋奇的心態看待這些研究，而不是當作科學發現。「野蠻人」製作橡皮球和橡膠靴並以此作樂，令院士們發笑而非想要深入認識。可惜他們不理解，拉孔達明的發現並不是開玩笑……

弗雷諾在給菲利波大臣的信中提到，自己「發現一種混合樹液。葡萄牙人用這種樹液來製作針筒等實用且令人好奇的物品。」但誰知道呢？足智多謀且充滿前瞻願景的工程師弗雷諾立即理解這種材質可能具有市場潛力，便開始深入認識這種樹脂。

「野蠻人」用乳膠製作瓶罐、燭台、靴子、球和針筒。這裡的針筒不是用來抽血，而是用來儲存液體。印第安人將這種提供魔法樹脂的植物稱為「cahutchu」，也就是「會哭泣的樹」。

調查印第安人

我們的探險家自此開始追尋這種魔法樹木，就如同其他探險家追尋綠鑽石一樣。在一個偏遠、難以抵達的叢林中，因身處熱帶而大汗淋漓的弗雷諾並不知道，他四處奔走尋找的寶物就是未來的白色金礦。

有其他樹木吸引他的目光，他也針對這些樹木進行小型實驗。例如，他將熱帶樹木「mapa」與野生無花果樹「comacaï」的汁液相混合，產生一種類似橡膠的材質，但不具有彈性。

幸運女神最終向弗雷諾揚起微笑。他偶然遇見一艘滿載海牛獵人的船。這些人是正在努力逃離葡萄牙教團的原住民努赫格族（Nourague）。為了讓努赫格族人開金口，他選擇了較不正規的方法：這個狡猾鬼竟請他們喝酒！喝酒的做法奏效了，努赫格族人確認他們知道流淌著樹脂的樹木。弗雷諾請他們在泥土地上畫出這種樹木的果實，而他們畫出一種有三顆果仁的三角形果實。這些果仁在磨碎、煮沸後，便能製作可用於烹飪的奶油。這便是葡萄牙人稱為「pao-xiringa」、法文稱為橡膠樹的樹木。弗雷諾也請努赫格族人畫下橡膠樹的樹葉。

弗雷諾向努赫格族人送上鹽作為謝禮，接著派出人手尋

找這種夢幻奇樹。一位梅里戈先生（Mérigot，歷史對他沒有太多記載）向他確認發現了一株橡膠樹。弗雷諾派出一艘船，船上載著糧食以及所有完成這趟追尋之旅的必要物資。身為一個靜不下來的人，他利用航行期間繪製一張地圖，畫下旅途上遇見的所有溪流。他最終在亞普亞格河（Approuague）找到朝思暮想的寶藏。人類還在想像鱷魚會流淚的同時，弗雷諾找到了會流淚的樹木！

弗雷諾樂於在各種硬紙板塗上橡膠樹的魔法材質，並發明了橡皮靴（不過，其實當地原住民在更早以前就有了相同的主意）。在馬塔若尼河（Mataroni）溯溪而上時，原住民庫沙里族人（Coussari）以舞蹈、火把和宴席迎接他⋯⋯他向庫沙里族人展示果實的圖畫，而族人也確認他們的確知道這種樹木生長在哪裡，而且村落的一角便堆滿這種樹木！弗雷諾採集了「乳狀汁液」（當時他仍如此稱呼乳膠），並製作球和手鐲來自娛。

這一切非常美好，而這位工程師、探險家暨巧匠則繼續充滿熱情地研究這種神奇膠狀物質。他注意到，這種樹脂很快便會凝固，因而必須盡快將汁液變成需要的形狀。

弗雷諾持續研究這種膠狀物質，並將自己的發現撰寫成論文、寄給菲利波的繼任者胡意耶（Antoine Louis Rouillé,

1689-1761）。胡意耶似乎充滿惡意，而且並沒有發現這份論文的價值，輕蔑地寄給了法蘭西皇家科學院。幸運的是，論文抵達皇家科學院後得到了重量級學者拉孔達明的矚目。弗雷諾和拉孔達明早在 1744 年便已在圭亞那結識，從那時起便一直是朋友。他們曾一起執行有關音速的幾個實驗，並且一起開心地觀察木星的衛星。弗雷諾在論文中描寫這種樹木，並詳細地敘述採收膠狀物質的流程細節：

先生，這種樹木非常高、非常直、頂部嬌小，而整棵樹沒有分支。（……）至於要如何提取和應用橡膠樹的汁液（……），首先得清洗橡膠樹的根部，然後切開數個狹長、微微傾斜的開口。這些開口必須穿透厚重的樹皮，且必須開在不同高度，以便較高開口流出的汁液可以流進較低的開口，以此類推……

至於這種汁液的用途，弗雷諾認為可以用來製作幫浦的把手、潛水服、裝液體的容器、鄉村餅乾的包裝……等等。

幾年後，在 1763 年，國王的財務總管伯赫坦（Henri Bertin, 1720–1792）想深入了解這種富有彈性的樹脂，便寫信給拉孔達明。而拉孔達明當然將（橡膠）球拋回給弗雷諾。弗雷諾喜出望外，寫了一封非常禮貌的回信：

我為祖國帶來的榮光與貢獻值得您對我嘉勉讚揚不已，譬如人們所說的「才識兼備」。不過，閣下，一個人很難同時具有相等的才能與知識。如果其中一個非常受限，那另一個便無窮無盡。不過，即便我自身也面臨這種限制，這並不會阻止我向閣下展示我長期以來的研究、擔憂與警覺所顯現的光芒……

　　這種文風的信件當然沒有達成作者想要的效果。讀者可以試試看用這種風格寫信給主管，無疑會給主管帶來強烈的印象。不過，弗雷諾仍然非常開心，並向拉孔達明道謝：

　　先生，若不是您施展的漂亮計謀，我從未想到自己能和國務大臣通信……

　　（你可能注意到弗雷諾的書寫風格比我還優美許多。畢竟當時能和國務大臣通信可以說是項特權……）伯赫坦詢問是否可以將流淌在樹木中的樹脂裝在玻璃瓶裡，以便運送到法國。弗雷諾的答案是不行，樹脂無法一直保持液態，至少可能會變成油狀。另一個問題：這種膠狀物質可以溶解嗎？弗雷諾雖然注意到乳膠無法溶於水，但也找到一個好的解決方式：樹膠可以溶於椰子油。他實驗了不少物質：鉛、肥皂、橄欖油，甚至酒。

防水與吊帶

橡膠樹與橡膠的史詩並未就此告終。在弗雷諾之後，還有無數人對這種神祕的彈性材質充滿興趣。自 1770 年開始，英國化學家卜利士力（Joseph Priestley, 1733–1804）便注意到乳膠可以抹除石磨鉛筆在紙張上留下的痕跡。他發明了橡皮擦！順帶一提，這位先生可不是位無名小卒，他證明了綠色植物會排出氧氣。換句話說，他證明了光合作用！

蒲公英：沙拉的材料？橡膠樹的替代品？

橡膠樹並非唯一可以生產乳膠的植物：該植物所屬大戟科的所有植物都能產生乳膠。其他科也有可以生產乳膠的植物，例如蒲公英和萵苣。美國加州的卡加利大學便正在研究以萵苣生產乳膠的可能性。研究人員發現，萵苣（*Lactuca sativa*）含有一種製造橡膠時所需的蛋白質。

蒲公英屬的橡膠草（*Taraxacum kok-saghyz*）也是科學家注目的焦點之一：從 2010 年開始，尤其在德國，許多研究開始探討是否能將橡膠草用作橡膠樹的可靠替代品——橡膠樹正受到一種真菌的威脅。早在 1928 年，由於俄國在熱帶地區沒有殖民地，植物學家瓦維洛夫（Nikolai

Vavilov, 1887–1943）便派出農學家尋找可以在俄國落地生根的橡膠作物。橡膠草便因此在中亞的突厥斯坦地區奪得一席之地，在 1941 年便達到了 67,000 公頃。二戰期間，德國人透過占領俄國取得了這些橡膠草。他們的目的不是製作沙拉，而是嘗試生產橡膠，以滿足軍事目的。當局強迫集中營中的化學家和農學家來從事研究，但研究並不順利。2011 年，由於基因改造橡膠草的誕生，德國學者重啟研究，並成功將導致乳膠快速凝固的酵素去活化。在這之前，這種酵素是透過橡膠草大規模生產橡膠的阻礙。基因改造橡膠草目前的橡膠生產量超出原始橡膠草五倍之多。與橡膠樹所生產橡膠相比，橡膠草生產的橡膠還有另一個優點——不會引發過敏。

數年後，英國人佩爾（Samuel Peal, 1754–1818）透過混合乳膠和松脂，發現了將衣服和鞋子進行防水處理的方法。1823 年，英國發明家麥金塔（Charles Macintosh, 1766–1843）將橡膠與石腦油混合，發明了一種防水材質。他開始販售一系列的防水外套，其中防水大衣便得名「麥金塔」（Mackintosh，多一個 k）。由於我們在討論植物學，請記得

本段落中的「麥金塔」和蘋果公司的產品無關⋯⋯

當時，人們也以橡膠製作吊帶和鬆緊帶。巴黎和法國西北部的盧昂是橡膠工業大城，一共出口大約 50 萬條吊帶⋯⋯甚至就連趕流行不落人後的拿破崙三世皇帝都穿著一條！

幾年後，有個人決定透過橡膠來改善自己的生活：這位仁兄正是固特異（Charles Goodyear, 1800–1860）。（譯註 輪胎公司固特異（Goodyear）就是為了紀念他。）這位債台高築的美國五金商人必須找到方法來疏通自己的財務狀況。為了供應家人的溫飽（她的太太和六個孩子──以及未來的另外六個孩子），他開始投入橡膠研究。然而，神奇的橡膠當時已經退流行了，研究橡膠已經不是個好選擇。請想像你的防水大衣在夏天變得黏答答，在冬天卻又開始龜裂⋯⋯固特異像是遭遇強迫勞動一般把自己關在實驗室裡，而實驗室的空氣⋯⋯有些不好聞，畢竟都是化學物質⋯⋯鄰居接二連三的抱怨迫使他搬離住處。對這些鄰居來說，橡膠很棒，但應該出現在樹上，而不是鄰居的車庫裡，更不該和許多不同物質混合、發出惡臭！固特異逃到紐約，試圖重起爐灶。他遇到一些信任自己的金主，這些金主僱用他製作橡膠郵務袋。然而，固特異的橡膠袋製作技術未臻完美，只要遇到太陽，這些袋子就會宛如白雪一般溶解。不過，命運最終仍向

他微笑招手。基於機緣巧合（如果你不相信緣分，也可以說是最幸運的偶然），他不小心使一塊萃取出來的橡膠在爐子中硫化——他發明了橡膠的硫化方法。橡膠經過硫化後，便獲得了彈性。然而，與前幾章的福鈞（他的姓氏就是幸運的意思！）相反，固特異可謂命途多舛。固特異並沒有因為自己的新發明而獲益，因為另一名發明家漢考克（Thomas Hancock, 1786–1865）搶先註冊了專利。可憐的固特異因債入獄，並失去了年幼的六個孩子。有關固特異的故事到此先告一段落，以免讀者因此潸然淚下，這不是本書的目的，要流淚的應該是橡膠樹才對。此外，另一件事值得我們留意：硫化橡膠使得大量生產保險套成為可能（不過保險套並非現代的發明，埃及人早就使用羊腸或豬膀胱來避孕）。

綁架植物的傳說

回到橡膠樹，我們接著要認識英國探險家威克翰（Henry Wickham, 1846–1928）。1876 年，他將巴西橡膠樹的種子帶到倫敦的皇家植物園邱園，以便之後將這些種子栽種於英國的亞洲殖民地。此舉打破了巴西對巴西橡膠樹的獨占局勢，更有人稱之為「綁架植物」，威克翰因此成為傳說。但是，請不要誇大其事，威克翰完全是以合法手段取得並運輸這些

植株，是他本人想將自己塑造成傳說人物……這則故事足以撰寫成一整個章節，但這本書並非十冊的橡膠樹專著，以下我只打算和各位簡短摘要就好。

在倫敦，植物學家胡克（Joseph Dalton Hooker, 1817–1911）和斯普魯斯（Richard Spruce, 1817–1893）正在尋找可以取代遠東地區咖啡園的作物。當時，咖啡正遭受咖啡駝孢銹菌（*Hemileia vastatrix*）的侵害，這種細菌的拉丁種名「*vastatrix*」意指「摧毀」，真是名副其實。而兩位植物學家精挑細選的獲選者便是橡膠樹。1876 年，由植物學家和冒險家組成的探險隊受派前往巴西，其中比較知名的成員有克羅斯（Robert Cross）、法利斯（Charles Farris）和威克翰。在登上奧利諾科河展開歡樂冒險、尋找橡膠之前，威克翰是位在尼加拉瓜以獵取鳥羽維生的冒險家。他在巴西很快便蒐集了大約 74,000 顆橡皮樹種子，準備透過蒸汽船亞馬遜號將這些種子送往英格蘭。其中將近 4% 的種子發了芽。

這起行動其實並非「植物綁架」，威克翰跟盜茶賊福鈞根本不同。但他本人力圖將自己打造成一名竊賊、虛構出「橡膠盜竊」的傳奇，使這位人生多采多姿的冒險家可以成為英雄……威克翰自吹自擂，自稱將橡膠種子申報為要進獻給女王的蘭花，順利騙過巴西當局。然而，巴西海關其實明確知

道威克翰運送的是橡膠種子。威克翰甚至還跟海關人員吹噓，說這些種子要進獻給女王！

威克翰的人生的確荒誕離奇：他接著在澳洲當上了咖啡農（直到火災、龍捲風等各種災禍徹底打擊他小小的事業），隨後在宏都拉斯擔任森林護管員，然後在紐幾內亞成為捕海綿的漁夫、獵烏龜的獵人、栽種可可的農夫，最後又開始栽種橡膠樹。如果你對於辦公室生活感到百般無聊，請以威克翰為榜樣，人生中還有許多事情可以完成。你可以的！

在無數年的冒險之後，威克翰回到英格蘭。他在家鄉發明了處理橡膠的設備，但沒有人感興趣。可惜人們日後只會將他的名字與「偷竊」橡膠樹聯想在一起。後來，在 1910 年，馬來西亞和錫蘭產的橡膠價格達到歷史新高，成功排擠了巴西的橡膠。當年的亞洲共種有 5,000 萬株橡膠樹，同時巴西橡膠的價格大幅崩盤。

🌿 永不氣餒的發明家

橡膠樹奇遇記並未就此結束，還有許多發現、復興與創新。

1888 年，喜愛修補東西的蘇格蘭獸醫登祿普（John Boyd Dunlop, 1840–1921）申請了製造輪胎的專利。1892 年，輪到

米其林兄弟利用橡膠，發明了可拆卸的腳踏車輪胎。十年後，人盡皆知的吉祥物誕生了——米其林寶寶必比登！

生長於墨西哥的乳膠植物

作為認識這種美妙彈性植物之旅的最後一站，我們來到墨西哥。這裡是灰白銀膠菊（*Parthenium argentatum*）的棲息地。我們只需要磨碎這種植物，便能萃取乳膠。這當然也不是新發現的植物，北美原住民很久以前就認識這種植物。美國人則是在二戰期間，因為遭德國和日本封鎖海路，才開始對這種植物感興趣。和橡膠草一樣，二戰結束之後，美國人又忘了灰白銀膠菊。這種植物雖然自古以來就生活在人類身邊，但也能為人類指引未來新生活的道路。灰白銀膠菊有多種用途，尤其是藥用。法國設計師帕利卡（Benjamin Pawlica）參照弗雷諾的橡膠靴，發明了「回收鞋」（cyclic shoes）。這種鞋子對環境友善、具人體工學設計、致敏性低，組成成分百分之百都是灰白銀膠菊！

橡膠樹於 1893 年引入迦納，四年後引入幾內亞。1898 年，比利時國王利奧波德二世希望與亞洲的橡膠園一爭高下，於是開始在比屬剛果栽種橡膠樹。隔年，瑞士醫師耶爾森（Alexandre Yersin, 1863–1943，鼠疫桿菌的發現者）在印度支那馴化了橡膠樹。泰國自 1903 年起開始栽種橡膠樹。

　　1920 年代末，福特汽車的創辦人、工業鉅子福特（Henry Ford, 1863–1947）有個想法，要在巴西建立一座以橡膠樹為中心的未來風格城市——福特蘭迪亞。他花了兩千萬美元打造這座城市，對他而言這只是零頭。但這座烏托邦一般的城市卻成了鬼城。福特或許非常擅長機械，但他顯然不擅長植物學！他或許是世界上最富有的人之一，但他卻不會正確地栽種樹木。福特蘭迪亞中的橡膠樹過於密集，導致菇類叢生。該城在 1945 年關門，人們慚愧地回到美國密西根州。

　　全世界目前每年生產 1,100 萬噸橡膠，也就是每秒 340 公斤。亞洲是主要的生產者，生產量占全世界的 90%，其中又有 37% 來自泰國。至於提取乳膠的技術，自弗雷諾的時代以來便沒有太多變化。橡膠樹的主宰——我是說宰了這些橡膠樹的人——一直都使用相同的方法來令這些樹木流出汩汩汁液。

6

由好奇的教士在巴西發現、卻不容於天主教的草本植物，以及一場煙霧繚繞的冒險

美洲自數千年前便認識了菸草，但菸草直到文藝復興時代才引入歐洲，隨即蔚為風潮。法國人提到菸草，常常會想到將菸草引入法國的尼柯（Jean Nicot），卻忘了一位超乎想像的非典型旅人。

由好奇的教士在巴西發現、卻不容於天主教的草本植物，以及一場煙霧繚繞的冒險

菸草
（ *Nicotiana tabacum* L. ）

法國兒歌〈我有超棒的菸草〉唱道：「我的菸盒裡有超棒的菸草。我有超棒的菸草，你沒有⋯⋯」超棒的！我們讓天真的孩子知道抽菸能帶來愉悅感（雖然抽菸有害健康），以及要如何輕蔑地挖苦朋友（這菸超棒，但你沒有！）。傳說這首兒歌的作者是作曲家暨詩人拉泰尼昂（Gabriel-Charles de Lattaignant, 1697–1779），這代表兩件事：當時菸草已經遍布法國，而且是最令人開心的作物之一。

　　菸草的學名是 *Nicotiana tabacum*，自十六世紀起引入法國。拉丁文屬名「*Nicotiana*」的取名緣由並不是因為菸草含有尼古丁（nicotine），正好相反，1828 年人類分離出尼古丁時，使用菸草的學名為這種惡名昭彰的物質命名。而「*Nicotiana*」又來自菸草的「發現者」尼柯（Jean Nicot, 1530–1600）。這裡的引號十分必要。首先，早在歐洲人之前，美洲印第安人自古以來都有使用菸草的習俗。接著，尼柯不是在亞馬遜發現菸草的人，他甚至從來沒離開歐洲！尼柯只是將菸草引進法國。最後，雖然他享有引入這種害草的光環，但他甚至不是第一個引入菸草的人。他真的不是！尼柯偷走了另一個人的貢獻，真正引入菸草的人是個更富有冒險精神的修士，名字叫做特維（André Thevet, 1516–1592）。

6

如果你去了里約……別忘了帶點菸草回來

特維的貢獻經常遭人遺忘。如果惡名昭彰的尼古丁叫做「特維丁」，那我們可能就比較記得他（不過黃夾竹桃糖苷的法文的確是「特維丁」，得名自拉丁文學名為「*Thevetia*」的黃花夾竹桃──命名緣由的確就是特維）。凱撒的該還給凱撒，那特維的也該還給特維。

特維生於 1503 或 1504 年的法國西南小鎮安古蘭……也有可能是 1516 年（畢竟太久以前了，沒有人清楚）。他生於農家。10 歲時，可憐的特維即便不樂意，仍然被送到修道院，之後成了修士。他曾短暫念過書，但沒念過植物學。很驚人嗎？他的這點缺陷瑕不掩瑜，畢竟他讀了不少名家鉅作，包括亞里士多德和托勒密等等。此外，他尤其有著強烈的好奇心，十分渴望認識這廣大的世界。這並不意味著他想還俗，只是書籍和旅行都比修道院生活還來得有趣太多了。

他從短程航行開始：義大利、巴勒斯坦、小亞細亞。特維回來時簡直興高采烈，而命運很快又帶給他另一個機會，得以參與一場宏大的冒險。國王亨利二世派出軍官暨冒險家維爾蓋尼翁（Nicolas Durand de Villegagnon, 1510–1571），希望在巴西建立法國殖民地。於是我們天真無邪的僧侶特維啟程前往南美洲，但他不是為了參加里約熱內盧的嘉年華，也

不是要去度假勝地科帕卡巴納享受日晒，更不是要大跳森巴舞。要記得，特維是名僧侶，而巴西也只是葡萄牙人在五十年前發現的一個新興地區。而且，新建立的殖民地將命名為「南極法蘭西」（France antarctique）。共有 600 名移民隨著維爾蓋尼翁和特維一起前往新大陸。

　　特維對他發現的一切事物都感到驚奇不已。他彷彿不停地低聲唱著名曲：「如果你去了里約，不要忘記登高望遠」。他還將所有的新鮮事物稱為「singularitez」（特維自創的字，與「singularité」〔獨特性〕發音相同且拼寫相似）。當時仍是文藝復興時代，人類對世界的認識還相當有限，因而還請各位讀者海涵特維看似幼稚的傳奇行徑。他履行冒險家的職

德勒（Thomas de Leu）筆下的特維。

責，蒐集不少樣本：植物、鳥類、昆蟲，甚至還有印第安人的武器、物品和一件羽毛長袍（當然不是為了嘉年華的扮裝，而是為了學術用途）。有些人嘲笑不務正業的特維其實最想抱回家的是獎盃。別忘了，他在船上的職務其實

是神父，而不是博物學家。但無論如何，他有著觀察入微的靈魂，並且渴望知識。可惜他在新殖民地的時光很快就落幕了……

有一天，他突發奇想，和水手一起前往南美洲南部的普拉達地區探險。他沒有義務隨行，但特維完全不想只把自己局限於宗教任務。然而，這次躊躇的結果十分駭人：當地原住民巴塔哥尼亞人差點就要殺了特維！殖民地當地的氛圍也和奢華渡假村大相逕庭，特維並沒有辦法好好享受海灘風光。天主教會和新教教會因此爭執不已，而特維本人只想回家。維爾蓋尼翁讓他搭第一班船艦回國，這不是出於同情，而是因為相關爭議已經有些過分了……

在稍微繞路到古巴和亞速群島之後，特維在 1556 年回到巴黎。在當時，這樣的旅程非常了不起！希望各位可以了解，當時的預期壽命仍不是很長，可以遠行的人更是寥寥無幾。

如果特維沒有帶紀念品回到法國，他的故事便會就此結束。不過，他開始以素描來描繪他在南美洲的所見所聞，就像是忘記帶相機的現代人會有的大膽想法。他的草圖為歐洲帶來大量有關新大陸的資訊。他甚至在口袋中藏了幾顆種子，來自法文名為「Pétun」的未知植物，未來的矮牽牛屬（Petunia）由此得名。但「Pétun」指的並不是矮牽牛，我們

很快就會瞭解這件事。

回國兩年後，特維出版了遊記《南極法蘭西奇事》。該書一經出版便成為暢銷大作。當時的法國還沒有龔固爾文學獎，但許多著名詩人都向特維致敬。杜貝萊（Joachim du Bellay, 1522–1560）、龍薩（Pierre de Ronsard, 1524–1585）等人都為特維寫下詩作。名詩〈寶貝，瞧那玫瑰花〉（Mignonne, allons voir si la rose）的作者龍薩便在 1560 年受到特維之行的啟發，在《詩集第二冊》中寫下：

> 我從未想過拋棄這世界
>
> 也從未想過將命運交給海浪起伏
>
> 登上維爾蓋尼翁的船
>
> 在南極種下你的名字
>
> 我如此羸弱，無法與水手賽跑
>
> 隨著波浪、隨著風，命運來到大潮
>
> 別拋棄我，而旺盛的激動情緒
>
> 會坐在船尾上方與我同行

1560 年，特維獲任命為國王的御用宇宙學家，真是個響亮的頭銜。你或許會懷疑特維的經歷和宇宙學有什麼關係，但其實這個職位就是御用地理學家，畢竟特維有十七年的冒險旅遊經驗。特維的職務便是擔任實驗性質的世界環遊旅人，

同時也是攝政王后凱薩琳・德・麥地奇（Catherine de Médicis, 1519–1589）的御用神父。特維可真善於經營人脈。

叛徒龍薩

龍薩另外寫了一首〈安古蘭人特維頌歌〉（第二十三號頌歌）來頌揚特維：

伊亞森享有

多大的榮光，才能令

沐浴在愛河中的年輕女孩絕望……

在伊亞森眼裡，特維

今天在法國享有多少

榮譽、恩寵和光芒

誰曾見過這個廣袤無涯的宇宙

跋山涉水、翻山越嶺

見過各色人種……

不過，龍薩最後用另一名旅行家貝隆（Pierre Belon, 1517–1564）取代了特維的名字。簡直是叛徒！

奇幻遊記

特維接著在 1575 年出版《安德烈‧特維的普世宇宙誌：附有作者親眼所見奇聞軼事的豐富插圖》。

該書出版後，可憐的特維遭人批評書中內容過於不切實際。他的確稍微加油添醋，因此遭控欺騙大眾⋯⋯

該書的某些內容的確是他誇大其辭而來，譬如他自稱曾見過獨角獸——真是驚人。為什麼不要捏造出粉紅色的大象就好呢？特維不得不發明一些他所謂的「奇事」。和法國外科醫生帕雷（Ambroise Paré, 1509 或 1510–1590）一樣，他捏造了部分內容。帕雷聲稱自己曾見過主教魚（哇，好厲害），這種半人半魚的生物又被稱為海洋的主教（還蠻可愛的，不是嗎？），魚鰭的形狀彷彿主教的長袍。身兼插畫家與醫生的帕雷在 1593 年也出版了一本名為《怪物與奇觀》的專書，還借了一些特維的插圖。特維的其中一張插圖描繪一種名為「坎普魯克」（camphruch）

特維「觀察」到的傳奇生物坎普魯克，收錄於 1642 年出版的阿爾德羅萬迪（Ulisses Aldrovardi, 1522–1605）動物寓言集《歷史上的怪物》。

的兩棲、四足、與母鹿同大小、長著馬鬃的生物。這種生物的前額有角，並且和火雞的雞冠一樣會動。根據特維的說法，坎普魯克的角有非常優異的避邪效果。特維啊特維，這已經有些神話色彩囉。

特維的奇幻寓言和遊記、豐富的想像力、大言不慚的大話，替他招致不少來自當時大眾的批評與攻擊。他是史上第一個書寫加拿大風土的人，不過許多內容其實來自探險家卡蒂亞（Jacques Cartier, 1491–1557）。特維並沒有說明自己的消息來源，只說這些資訊來自「我最好的朋友之一」或是「我高貴又獨特的朋友」。

我們或許可以說特維欺騙讀者或涉及抄襲。此外，他的作品甚至可能是由他人代為操刀。請保持開放的心胸，記得當時仍是啟蒙運動之前的十六世紀，而特維仍是握有資源的僧侶。即便白手起家，也能留名青史。他是名非典型的英雄，是名說謊的探險家，我們只需要分別真假即可。同樣深愛巴西的當代法國作家拉普居（Gilles Lapouge, 1923–2020）在作品《春分》中，將特維描寫為「看見幻覺的人」：

這是位夢遊的智者，在昏沉中前行，而他的瘋狂吸引著我們。（……）他有著永遠無法滿足的靈魂，像是個貪

婪的人或是孩童。他喜歡美好的事物、童話故事、怪物與幻獸的年代。

有些言重了！拉普居也欣賞列里（Jean de Léry, 1536–1613），列里是特維的競爭對手之一。（此外，特維也是法國作家胡方〔Jean-Christophe Rufin, 1952–〕小說《紅色巴西》的角色之一。）

哥倫布先生，這看起來像不像個小型鞭炮？

在特維之前，早有其他人已經發現過菸草。第一位登陸加拿大的歐洲人卡蒂亞便在 1535 年第二次旅程中這麼描述印第安人：「他們在夏天將一種草堆積成山，以備冬天之需。」更早之前，西班牙殖民者科爾特斯（Hernán Cortés, 1475–1547）便曾將菸草種子寄給神聖羅馬帝國皇帝查理五世。

1492 年，哥倫布在古巴也看見當地人使用菸草：「許多男男女女回到村莊，手上拿著一卷草本植物，用來進行他們早已習以為常的煙燻。」

四年後，西班牙神父、歷史學家暨美洲印第安人的守護者卡薩斯（Bartolomé de las Casas, 1484–1566）寫道：

> 這是種經過乾燥處理的草本植物，使用也經過乾燥處理的葉片包覆，外觀像是小男孩在五旬節做的紙鞭炮。在其中一端點燃，口含另一端吸氣或吐氣，這種氣體流向體內之後，便能使他們昏昏欲睡或近乎醉醺醺。此外，他們說自己不會感受到疲憊。無論我們怎麼稱呼這些鞭炮，他們將其稱呼為「tabac」。

在攻擊特維的人之中，有位作家名為富梅（Martin Fumée），他認為特維的書可謂謊話連篇。雖然富梅的姓氏看起來也很煙霧繚繞（法文單字 fumée 就是菸的意思），他仍可以批評這位菸草的引入者。

直到二十世紀——特維逝世的許久之後——人們才開始稍微認可他的貢獻，不過也只是稍微。我肯定各位都聽過卡蒂亞和哥倫布，但沒有聽過喜歡吹噓的僧侶特維。特維對在美洲各處遇見的印第安風土民情都非常感興趣，日後的民族學界認可特維的才能，更有些民族學家認為他是第一個理解「蠻人思想」的人。

特維在 1584 年出版名為《圖解真實的人物生活與肖像》的書籍，一共八冊。他在書中描繪哥倫布、維斯普奇、麥哲

倫等探險家，以及美洲當地的統治者，包括阿茲特克、印加、圖皮尼金、薩圖里瓦（位於今天的美國佛羅里達州）、巴塔哥尼亞等部族的統治者，甚至還有一名食人族！和其他人相比，他對美洲原住民抱持的人人平等態度值得令人尊敬。

🌿 特維 vs 尼柯

　　回到植物學，我們要討論人們未曾見過也不曾認識、由特維從巴西帶回歐洲的植物。特維曾觀察到許多有趣的植物，包括木薯、鳳梨和香蕉，而他這麼描寫菸草：

　　另一個奇特的植物在當地語言稱作「petun」。當地人隨身攜帶這種植物，以便隨時善用這種植物的多種好處。這種植物有些像是我們的牛舌草。當地人小心翼翼地採收這種植物，並在小屋的陰影中陰乾。使用方法如下：將少量這種植物經過乾燥處理後，用非常大片的棕櫚葉包裹，捲成大約蠟燭的長度，接著在一端點火，便能以鼻舌接受釋放出的煙霧。根據當地人的說法，這種煙霧有益健康，可以提煉及消耗大腦中多餘的體液。

　　特維所說的就是菸草，請參考他後來寫的文章：

　　我可以吹噓自己是第一個將這種植物的種子引入法國的人，也是第一個栽種這種植物的人，還將其命名為「安

古蘭草」（Herbe Angoumoisine）。然而，在我歸國的十年後，卻有個從未出遠門的某某人成了這種植物的命名緣由。

文中的「某某人」就是尼柯，他是法國駐葡萄牙大使。一位從美國佛羅里達州回到歐洲的佛拉蒙（譯註：即比利時荷語區）商人給了尼柯幾顆菸草種子。尼柯將菸草當成園藝作物栽種，而人們也很快地為菸草加諸各種藥性。1561 年，尼柯將菸草進獻給攝政王后凱薩琳・德・麥地奇，以便治療王后的偏頭痛。吉斯公爵將這種植物命名為「尼柯草」（Nicotiane），又稱「大使草」。自此所有的風采都照耀在尼柯身上。

不過，也有別的植物以特維命名。他在遊記中提到一種名為「亞淮」（ahouai）的植物，這種熱帶灌木「的果實有毒且致命⋯⋯這種樹木的高度接近我們的梨樹。（⋯⋯）砍下來的樹木會散發奇妙的臭味。」他也描述印第安人對於這種果實的高貴用法：「丈夫出於微乎其微的原因對妻子發怒時，便會送妻子這種果實；反之亦然。」

針對亞淮樹，林奈使用特維的姓氏為新的屬命名（*Thevetia*，黃花夾竹桃屬），並將亞淮用作種名（*Thevetia ahouai*，即闊葉竹桃）。至於菸草，人們後來發現特維和尼柯引進的植物其實是不同種。前者被稱為「*Nicotiana tabacum*」（菸草），後者則為「*Nicotiana rustica*」（黃花菸草）。

《南極法蘭西奇事》中描繪闊葉竹桃（特維所謂「亞淮樹」）
的版畫（特維，1557）。

 ## 惡魔與菸草

順帶一提，你知道菸草是怎麼「來到」地球的嗎？佛拉

蒙地區有個古老的傳說：有個農夫穿越了整片新栽種的農園，發現惡魔正拿著一株不知名的草。好奇的農夫詢問惡魔那是什麼植物。「你想知道嗎？」惡魔回道，「好啊，我給你三天找出這種植物的名字。如果你找得到，這整片農園都歸你。如果你沒找到正確答案，你的靈魂就歸我。」這位天真、容易上當的農夫便開始瑟瑟發抖。要怎麼找到這種植物的名字呢？他回到家，妻子正在家裡等著。妻子年輕、漂亮，尤其非常聰慧。農夫向妻子轉述自己和撒旦的相遇。妻子回應的語氣比平靜還平靜，彷彿在農園遇到惡魔不是什麼特別的事情：「喔？就這樣嗎？不用擔心，我來處理！」農夫非常驚訝。經歷一夜驚魂後，農夫隔天看見妻子彷彿沒事人一樣過著正常生活。晚餐後，妻子卻突然開始脫去衣服、全身赤裸。接著，妻子要求農夫剖開羽毛床，接著全身覆滿羽毛地前往農園。惡魔出現了，喊道：「小鳥！別過來！離開我的菸草園！」鳥立即消失了。當農夫回到農園，向惡魔宣布自己找到這種植物的名字時，不曉得自己說溜嘴的惡魔勃然大怒，並消失在煙霧中。這就是人類史上第一座菸草園的由來。

　　佛拉蒙人過去也被視作荷蘭人。一旦你知道荷蘭人吸食的不只是菸草，你或許就會了解，寫出這種誇張寓言的人吸

食的肯定是地毯。這段故事的結論應該是：惡魔很白癡，而佛拉蒙農夫的妻子們都非常聰慧機靈。

現在起，當各位菸友點燃菸屁股時，希望各位可以稍微想到我們的冒險家僧侶。畢竟，若沒有他，各位就沒辦法體驗菸草帶來的歡愉：用香菸搭訕女孩子、一起對抗法國的禁菸法律《艾凡法》（loi Évin）、在室外抽菸時感受到寒風刺骨、因為菸價上漲而感到絕望、質疑戒菸貼片的效果、爬樓梯時感到氣喘吁吁、問自己「我肺部 X 光片上的這些小點是什麼？」……無論如何，用香菸搭訕女孩子時，別忘記用龍薩的風格向他們提問：「我能提供您一些安古蘭草嗎？」

莎士比亞菸斗中的獨家新聞！

著名詩人及劇作家莎士比亞也是名癮君子。菸草於 1585 年由英國探險家雷利（Walter Raleigh, 1552–1618）自維吉尼亞引進英格蘭，在莎士比亞的年代蔚為流行。雷利是個滿腹冤屈的人，他最後遭斬首。他也惹惱了披頭四成員藍儂（John Lennon, 1940–1980）。藍儂認為自己之所以對香菸成癮，都是因為雷利。藍儂的歌曲〈我好累〉（I'm so tired）提到：

雖然我好累

但我還要再抽一根菸

並且詛咒雷利

他真是個笨蛋

我們知道藍儂吸食的不只是菸草。那莎士比亞也有吸食大麻嗎？南非普利托利亞的一位古人類學家研究了這位作家所留下菸斗中的殘留物。他從這些四個世紀前留下的菸斗中採集了 24 個樣本，經過分析，其中 8 個樣本中還有大麻、甚至古柯鹼的痕跡！這些結果在 2015 年發表於《南非科學期刊》（South African Journal of Science），顯示莎士比亞吸食不少種令人瘋狂的藥草。

7

聰明的耶穌會士在中國發現的綠油油小型水果，及其美妙的命運

中國人自兩千年前便認識奇異果，但這種水果從 1960 年代起才出現在歐洲的市場上。湯執中（Pierre Nicolas Le Chéron d'Incarville, 1706–1757）在 1750 年左右發現這種水果，並將其取名為「中國醋栗」。讓我們一起瞧瞧這位耶穌會士如何將中國皇帝收入囊中。

中華獼猴桃
（*Actinidia chinensis* Planch.）

奇異果如今已經是種常見的水果，大家很容易以為人類自古以來便認識這種植物。它富有維他命，因此人們喜歡在冬天食用奇異果。人們也喜歡奇異果酸酸的味道以及多汁的質地。由於表皮多毛，通常人們都會選擇剝皮後再食用。不過，事實上，這種彷彿來自外星的水果成為人類美食的歷史還不算久。

奇異果是一種果實，來自原生於中國的爬藤類植物。沒錯，是藤本植物！在中國，由於獼猴喜愛這種水果，所以當地將這種水果稱為「獼猴桃」。奇異果屬於獼猴桃科（Actinidiaceae）及獼猴桃屬（Actinidia），該屬目前有大約60種物種。拉丁文的科名及屬名由英國植物學家林德利（John Lindley, 1799–1865）命名。「Actis」來自希臘文，意思是「輻條」，因為奇異果雌蕊中央的花柱看起來像是輪胎的輻條。知道這個小知識後，你想必欣喜若狂，日後都會對奇異果花刮目相看。目前人類主要栽種的奇異果有中華獼猴桃（Actinidia chinensis）及美味獼猴桃（Actinidia deliciosa）。第一種來自中國，而第二種很美味……第一種當然也很美味，而第二種也來自中國！這兩種奇異果自古以來便遍布在長江河谷。中國人之所以採收奇異果，除了食用之外，也拿來製作紙張黏著劑。

喜愛中國的教士探險家

1750 年，法國耶穌會士湯執中（Pierre Nicolas Le Chéron d'Incarville, 1706–1757）發現了奇異果。他是位熱愛植物學的教士，的確，傳教士在自然科學史的戲分相當吃重。在前往世界各地的同時，他們也參與傳遞知識的過程。

湯執中於 1706 年生於法國西北部諾曼第大區的盧維耶，父親是騎士侍從。他先在諾曼地首府盧昂求學，接著於 1727 年在巴黎開始修士的初學期。之後，他前往魁北克教授文學，然後在 1735 年回國，攻讀神學。也就在攻讀神學期間，他偶然讀到另一位耶穌會士杜赫德（Jean-Baptiste Du Halde, 1674–1743）的著作《中華帝國及中華韃靼地理、歷史、編年、政治與自然環境的記述》（*Description géographique, historique, chronologique, politique et physique de l'empire de la Chine et de la Tartarie chinoise*），該書內容主要來自耶穌會傳教士在中國的親身所見所聞。在當時，這本暢銷書得到巨大的回響，也形塑了當時歐洲人對中國的印象，很快便翻譯為英文、德文和俄文。湯執中閱讀了其中有關中國植物的專章，便夢想親身拜訪中國，成為探索中國的歐洲先驅之一。他學習林奈的二分法、經常拜訪朱西厄和他的好友，並與法蘭西科學院的院士一起研讀化學。

1740年1月19日，他在法國西部的洛里昂搭上伊亞森號，經過蘇門答臘、麻六甲和聖賈克角（今越南頭頓），前往中華帝國，開始這趟奇妙之旅。

　　他在廣州停泊時學習中文，接著前往北京。他加入法國耶穌會士在紫禁城中建立的住處「北堂」（今北京西什庫教堂），北堂的住客都是當時的重要人物：他的主管暨鐘錶工匠沙如玉（Valentin Chalier, 1697–1747）、天文學家暨學者宋君榮（Antoine Gaubil, 1689–1759）、宮廷肖像畫家王致誠（Jean-Denis Attiret, 1702–1768）、首位精算中國人口的天文學家暨人口學家劉松齡（Augustin von Hallerstein, 1703–1774；他的研究在1779年傳回歐洲，當時估計的中國人口數為198,214,553人，在那之後僅些微增加），以及最受重用的宮廷畫家、義大利耶穌會士郎世寧（Giuseppe Castiglione, 1688–1766）；都是一時之選的人才！

　　然而，萬事起頭難。乾隆皇帝並不歡迎這些傳教士（畢竟教宗本篤十四世此前批評了中國的祭孔和祭祖等禮儀），但這並沒有阻止湯執中，他仍舊成為皇帝親近的官員。

西伯利亞的奇異果

獼猴桃屬有多種物種，還有一種生長於西伯利亞的奇異果，法文稱為「kiwaï」（音近「奇瓦異」），學名則是「*Actinidia arguta*」（中文俗名為「軟棗獼猴桃」）。軟棗獼猴桃身強體健，可以承受零下二十五度的低溫。整個遠東都能找到這種奇異果，現在也在我們的周遭栽種。和其他奇異果相比，軟棗奇異果比較迷你，還有一個優點：沒有毛，不需要剝皮就能吃！而且維他命 C 含量並沒有減少。

還有一種奇異果生長在北極圈：狗棗獼猴桃（*Actinidia kolomikta*），比軟棗獼猴桃更強壯、也更迷你。狗棗獼猴桃生長於中國、韓國、日本，以及俄羅斯阿穆爾州。但歐洲人並不吃這種奇異果，這是種葉片半紅半綠的景觀作物。

湯執中的第一份工作是玻璃工藝，但他比較想從事自然科學。他很快便得到一展己志的機會。皇帝正在擴建位於紫禁城東北方的夏宮圓明園。湯執中不能離開紫禁城，在宮城

禁地栽種植物就足以令他滿足。但這也不容易。

除了美輪美奐的建物和妙筆生輝的繪畫（尤其是王致誠和郎志寧的畫作）之外，夏宮也需要相映成趣的花園。圓明園的意思就是「圓滿光明」，皇帝希望打造一個壯觀的花園，像是中華版的凡爾賽宮。只可惜圓明園在 1860 年遭到英法聯軍劫掠。

顯然，來自歐洲的美麗植栽非常適合圓明園。湯執中知道自己得把握住這次機會，寫信到巴黎請朱西厄寄送幾種植物。他需要有可能取悅皇帝的植物，也需要知道栽種這些植物的方式。他想到罌粟、鬱金香、康乃馨、水仙、羅勒、矢車菊、金蓮花、紫羅蘭等植物。他寫道：「皇帝首先著迷於顏色的多樣性，接著會是水果或種子的多樣性，屆時我便能和他談論植物學。」這位耶穌會士竟然想要用鮮花哄騙皇帝！結果他是對的，這個手段的確奏效。

隔一年，湯執中又寫了一封信，提及新的請求。這次需要的是蔬菜：花椰菜、萵苣、酸模、菊苣等。最終，他寫了十六封信到法國尋求植物種子，其中最值得留意的是含羞草（*Mimosa pudica*）。這種草只要經過人類碰觸，葉片便會移動，吸引了皇帝的注意。此後湯執中便能自由地在宮中栽種植物。十七年間，他熱情地鑽研中國的植物。他也將中國植

物的種子寄到倫敦的皇家學會及聖彼得堡科學院。

湯執中餘生都在中國度過，1757 年他遭人傳染疾病，發燒之後病逝，享年 51 歲。除了奇異果之外，他也向歐洲介紹了其他不同物種，例如槐樹和樗樹（*Ailanthus altissima*）。樗樹又稱「臭椿」。但其實湯執中大可不必把樗樹的種子寄到歐洲，這種樹木現在在法國等國已經成了外來入侵種，也在紐西蘭威脅當地的原生生態系。中國人使用樗樹養蠶。湯執中甚至發表了一篇《論野蠶》（*Mémoire sur les vers à soie sauvages*）。

最早的奇異果植株

讓我們先忘掉蠶，並回到奇異果。這種植物有個彷彿齧齒類一般的名字（難道是動物學改變了植物學界嗎……）。1740 年底，他在抵達中國後，於澳門採集了奇異果植株（但不包含果實）。他將該樣本寄到法國給植物學家朱西厄，但沒有馬上得到朱西厄的注目，奇異果只能先待命。當時湯執中的筆記裡，只有提到奇異果樹的樹枝煮沸後可以用來造紙，但這並不足以吸引饕客的關注。直到一世紀後的 1847 年，法國植物學家普朗雄（Jules Émile Planchon, 1823–1888）才為奇異果撰寫專文，並命名為 *Actinidia chinensis*。

不過，普朗雄研究的植株並非來自湯執中，而是來自另一位知名的植物獵人——盜茶賊福鈞。1845 年左右，當福鈞還在中國經歷各種劫難時，他在上海南部採集幾株奇異果樹。然而，福鈞沒見到果實本身，只有樹枝和樹葉。

首先觀察到果實的是另一位探險者，來自愛爾蘭的漢學家韓爾禮（Augustine Henry, 1857–1930）。又是一位植物學的愛好者。這位植物獵人將植物學視作保持健康的方式：

採集植物樣本就是我的運動，令我維持身心健康。

建議各位採納韓爾禮伯伯的養身建議：潛心鑽研植物學，這比健身房會員費還便宜！韓爾禮當時也在中國蹓躂，他摘下果實、浸泡在酒精中保存，然後在 1886 年送到倫敦的皇家植物園邱園。他寫道，奇異果將成為「重要藏品」。韓爾禮是第一個預感到奇異果經濟價值的人。稍後，另一個知名的植物獵人威爾蓀（Ernest Henry Wilson, 1876–1930）採集奇異果樣本，促使奇異果在 1904 年列入英國重要的家族苗圃「維奇苗圃」的型錄。但奇異果並沒有馬上得到預期的矚目。與此同時，另一位教士植物學家法格斯（Paul Guillaume Farges, 1844–1912）將奇異果種子從中國帶到法國。1898 年，維爾莫罕苗圃和車諾苗圃都栽種了奇異果。

吃奇異果好睡覺！

奇異果以富含維他命聞名於世，而且還對睡眠有幫助！臺北醫學大學的研究人員在 2011 年針對 24 位受睡眠問題所苦的自願受試者進行實驗，結果十分顯著：在睡前吃了兩顆奇異果後，睡眠時間便能延長 13%！入睡時間則減少 35%。這可能是因為奇異果含有抗氧化劑和血清素。在此建議有失眠問題的讀者：請試試奇異果，試一下又不會少塊肉！

我一直和各位描述「奇異果」，但當時的人們都以拉丁屬名「*Actinidia*」稱呼這種水果，沒有人以「奇異果」來稱呼。奇異果這時也還沒真正成名……我們現在必須前往紐西蘭，才能知道奇異果冒險之旅的後續。

1878 年，蘇格蘭教會向湖北省宜昌派遣傳教團，接著開始招募志工協助布道工作。三名紐西蘭女性響應，並前往中國。其中一名女性是凱蒂‧弗萊瑟（Katie Fraser），他的姊姊依莎貝爾‧弗萊瑟（Isabel Fraser）是女校老師，到中國探望凱蒂數個月，並在 1904 年帶著紀念品回國。依莎貝爾悄悄

在自己的行李裡放進幾顆「*Actinidia*」的種子。這些種子由我們稍早提到的英國植物獵人威爾蓀採集。這些由傳教士家人帶回國的種子，便成了如今整個奇異果產業的源頭！

紐西蘭人馬上開始栽種奇異果，而且成效頗豐。1910年，伊莎貝爾將種子交給農夫愛里遜（Alexander Allison）。1930 至 1940 年代，紐西蘭的「中國醋栗」栽種面積大幅擴張。最早開始栽種的品種中，有一個品種名為「海沃德」（Hayward），得名自一位紐西蘭的樹苗培育家。1940 年，當大多數法國人都不曉得這種水果的同時，紐西蘭已經有將近 2,700 名樹苗培育家在栽種奇異果。

🌿 冷戰及來自鳥類的名字

1959 年，紐西蘭人力圖征服美國市場。然而，時值冷戰，如果向美國人銷售「中國醋栗」……難道這是種共產主義水果嗎？還有另一個原因：真正的醋栗容易遭受真菌侵害，可能會有人為了避險而拒絕栽種「中國醋栗」，即便奇異果其實和醋栗無關。

因此，這種綠色水果得有個新名字。紐西蘭人原本考慮將它命名為「小甜瓜」（melonette），但當時甜瓜遭課以相當重的關稅，所以這不是個好主意。由於「中國醋栗」看起

來像是紐西蘭國鳥奇異鳥（有些像是，必須要有點想像力，想想多毛又豐滿的動物），因而「*Actinidia*」得到了新的名字——奇異果。

以上便是冷戰對無辜水果造成的影響，迫使水果必須揹上鳥類的名字……這個名字由美國加州的商人卡普蘭（Frieda Caplan）提出，並馬上得到紐西蘭水果批發商湯納（Turners & Growers）採用。

數字時刻！

全世界每年生產超過 200 萬噸的奇異果。法國人每年購買 10 億顆奇異果。

奇異果的主要生產國是中國、義大利和紐西蘭。接著是智利、希臘和法國。令人驚訝的是，奇異鳥的祖國竟然只排第三名。中國過去只採收野生的奇異果，現在也開始大幅栽種。

奇異果的命名可說是向奇異鳥致敬。紐西蘭原住民毛利人之所以將這種鳥類命名為奇異鳥，是為了模仿其叫聲。奇異鳥的拉丁文學名是「*Apteryx australis*」，但也沒有人以這個拉丁文詞彙來稱呼奇異鳥。

這便是奇異果如何再次登陸加州的故事。（1904 年，奇異果曾到過加州，但成效不彰。）人們開始栽種奇異果，並用魅力和未來願景來銷售。

歐洲接著也開始大規模栽種奇異果。奇異果在法國被稱為「植物老鼠」。或許這種水果真的看起來比較像嚙齒類，而不是鳥類。問問你家喵星人怎麼看！奇異果不像其他水果需要拍打，可以放心大快朵頤。義大利人非常喜愛這種有益健康的水果，逐漸變成歐洲第一大生產國，以及世界主要生產國之一。

今日的奇異果

奇異果的冒險之旅還沒結束。五十年前，西方幾乎不認識這種水果。雖然這種異國水果從很早以前便在中國受到重視，但如今才在西方世界迎來榮光，整段冒險故事真是引人入勝。若說到改變西方飲食的異國作物，我們經常想到早年南美洲的貢獻（番茄、馬鈴薯、辣椒等），但奇異果則是另

一個來自中國的例子。

一開始，「海沃德」收穫了市場上的成就，到目前仍是主要品種。不過，也有很多新品種正在爭奇鬥豔。日本人喜歡「香綠」（Koryoku），而法國人喜歡「中國美人」（Belle de Chine）。

1990 年，「黃金奇異果」橫空出世。和其他奇異果品種一樣，黃金奇異果以提供人類營養和體力而聞名。此外，黃金奇異果還能協助對抗感冒和流感的症狀──這是奇異果遊說組織贊助的科學研究結果。不過，奇異果的確飽含維他命 C 和其他營養素。而且，就像人們經常重複強調的：每天至少要攝取 5 種蔬果！

8

調查來自寒冷之境的植物

除了丟進鍋中製成果泥,大黃也具有藥性。這種植物來自中國、西藏和西伯利亞,是沙皇俄國中人人欽羨之物。

馬蹄大黃
（ *Rheum officinale* Baill.）

提到「探索」，人們會想到下列場景：中美洲或亞洲的廣袤熱帶雨林、長滿馬鈴薯等新世界作物的南美洲平原……或是長相奇異的當地特有種生物棲息的澳洲叢林，人們很少會想到西伯利亞的邊疆地帶。不過，這就是我們接著要前往的地方。我們即將介紹一種比草莓更不引人注目、比神木還不令人印象深刻、也比茶更罕見於人類生活的植物。沒錯，我們要講的就是大黃！大黃在我們生活周遭的花園中四處可見，使我們經常忘記它璀璨的故事。

從馬可波羅到俄羅斯探險家，讓我們前往大草原冒險，了解這株金枝玉葉般的藥用及食用作物。

🍃 神祕的訪客

這些有著巨大葉片的植物是歐洲菜圃的常見物種，彷彿原本就生長在歐洲，自我們的祖先、曾祖母、祖母以來都使用大黃來製作糕餅。大錯特錯！大黃來自亞洲最偏遠的地區，穿越中國和西伯利亞才來到我們的花園裡。中國人自兩千七百年前便開始栽種大黃。有些人認為，大黃和馬可波羅一起穿越絲路抵達歐洲。他的確在《馬可波羅遊記》中有關甘肅省肅州路（今甘肅省酒泉市、嘉峪關市等地）的專章中提到大黃：

該地山區中盛產最優質的大黃，由商人購買並搬運到世界各地銷售；當地沒有其他商品。

這並不代表馬可波羅曾將大黃放進自己的行李中，他甚至也不是第一個親眼見到大黃的歐洲人，只是追隨前人魯不魯乞（Guillaume de Rubrouck）的步伐前往東方罷了。魯不魯乞是名母語為佛拉蒙語的方濟各會修士，在 1253 年跟隨使團前往蒙古帝國，不過他並沒有得到馬可波羅一般的名聲。總之，魯不魯乞在馬可波羅之前便見過大黃，並記錄自己曾目睹一名僧侶將大黃與聖水一同服用。（是一種雞尾酒嗎？）

希臘軍醫迪奧斯克理德斯早在西元一世紀便提及大黃，他指出大黃來自「比土耳其更遠的地方」。不過，這是同一個物種嗎？1608 年，在義大利北部的帕多瓦，義大利植物學家阿爾皮努斯（Prosper Alpinus, 1553–1617）首次看見有人栽種藥用大黃。也有文獻指出，大黃是由法國「賢明王」查理五世的軍隊在十四世紀帶回歐洲。阿拉伯人和波斯人似乎在中世紀就已經發展出大黃貿易，將這種植物賣到歐洲。無論如何，大黃是絲路貿易的常客。當時不只有一條絲路，絲路上傳遞的也不只是蠶絲。除了絲路，還有一條「大黃路」。

對內臟有益的藥用植物

大黃最早只有藥用一種用途。直到十八世紀，大黃才成為歐洲人的餐餚。葉柄（而非莖部）用於製作美食，根部則作為藥用。大黃的根部能治療什麼呢？且聽專家說法。

1717 年，植物學家圖爾納弗在一本藥材專書中，撰寫了大黃的專章。圖爾納弗解釋，雨水可以用來萃取大黃，而這種萃取液可以加入著名菁華液「Shroder」或名為「Rolfinsisus」的藥品。聽不懂嗎？放心，我也不懂，畢竟我沒有研讀過十八世紀的藥學，二十世紀的也沒有。如果你受痢疾所苦，請參考以下食譜：將大黃過火，加入磨碎的肉豆蔻、少量紅珊瑚和一片鴉片酊藥片。接著與木梨凍攪拌。嚐嚐看！

法國植物學家吉利柏（Jean-Emmanuel Gilibert, 1741–1814）在 1806 年出版的專書《歐洲最常見、最實用及最令人好奇的植物史，或實用植物學要素》中提到大黃的藥性。他提到，貨架上的大黃「葉片形狀便充滿惡意」，而根部則是「唯一不會傷胃的胃藥。如果空腹嚼食大黃（……）便會使黏液沉澱」（聽起來真好吃）。「將粉末狀的種子加入乾燥玫瑰，便是排解內臟堵塞的最好方法。」簡單來說，雖然大黃有許多好處，當時的人只知道可以當作瀉藥。

我們稍後就會發現，大黃還有很多其他用途。雖然大黃

8

過去是人人覬覦的藥用植物，但現在大多用於製作美食：塔、酸辣醬、果醬、糖漿、奶酥蛋糕等。這是種超流行的植物！還有很多各色各樣的食譜：大黃莫希托調酒、大黃威士忌、鵝肝煎大黃。

🍃 中俄交易的熱賣商品

大黃食譜就先到此為止，這不是本美食書，我也沒有打算將自己的酸辣醬食譜交給各位！讓我們回到浪漫的植物歷史之旅，當時這株植物身處兩大帝國間貿易的核心地位：中國與俄國。

讓我們回到十八世紀，當時俄國與中國有貿易往來。前者提供毛皮和乾燥水果，而後者銷售茶葉、絲綢、紡織品或大黃。中國人在喜馬拉雅山腳下採收大黃，並囤放在北京的大型庫房。有位來自德國漢堡的商人向俄國的彼得大帝買下特許權，得以獨占透過俄國中轉的大黃生意，並將大黃包裝成藥用植物賣回德國。俄國人也向中俄邊境、布里亞特族居住的城市恰克圖派遣來自聖彼得堡的藥劑師，由他們挑選最優質的大黃。俄國人甚至直接燒毀劣質大黃！因而，在荷蘭人與法國人直接向中國人購買大黃的同時，俄國人取得的大黃品質總是比較優良（中國人偶爾會將劣質和優質大黃混在

一起販賣）。事實上，自從 1649 年起，俄國人獨占大黃市場，大黃更成為國庫的重要收入來源。

　　詳細說來，大黃其實有很多種。今天的學界將大約 60 種物種歸類在大黃屬（*Rheum*）。大黃屬的拉丁屬名來自窩瓦河的古名「哈河」（Rha），或許這也是這種植物的古名是「*rheubarbarum*」的原因。畢竟，生長在多瑙河以外的地區，不就是生長在野蠻人之地嗎？（拉丁文「barbarus」即野蠻人）

　　馬可波羅觀察到的大黃是藥用大黃「馬蹄大黃」（*Rheum officinale*），法文也稱為「中國大黃」。不過……馬可波羅看到的該不會其實是法文偶爾也同樣稱為「藥用大黃」的「掌葉大黃」（*Rheum palmatum*）？後者在法文又稱為俄羅斯大黃、觀賞用大黃、土耳其大黃……，已經跟拉丁文學名無關了！這兩種植物至今仍是主要的藥用大黃。

　　俄羅斯人在 1731 至 1782 年間獨占大黃貿易。他們甚至在俄蒙邊境的著名貿易城市恰克圖建立大黃委員會（或稱「大黃辦事處」）。大黃經過貝加爾湖，穿越戈壁沙漠直達莫斯科。不過，英國人在 1780 年代末期開始自行栽種大黃。蘇格蘭植物學家霍普（John Hope, 1725–1786）和迪克（Robert Dick, 1811–1866）在愛丁堡栽種大黃，種子來源則是派駐聖彼得堡宮廷的蘇格蘭醫生蒙習（James Mounsey）。因而，中國大黃

便不再獨領風騷。

自己幫自己澆水的大黃

在大黃的不同物種中，有一個物種並非生長在西伯利亞或西藏的山區。沙漠大黃（*Rheum palaestinum*）生長於約旦和以色列之間的內蓋夫沙漠。以色列奧蘭尼姆大學的學者在 2009 年指出，沙漠大黃找到了自己幫自己澆水的方式。它的葉片覆有薄薄的臘膜，彷彿是迷你山脈。這使得沙漠大黃可以將水分運送到根部，如同從山中流出來的激流。與葉片較小的植物相比，沙漠大黃可以取得的水分高達十六倍。令人驚奇不已！

 ## 服務沙皇陛下

我們還沒提及本章節的主角。他是名對俄羅斯大黃感興趣的探險家先驅，而且興趣也不僅止於俄羅斯大黃。這位主角就是德國博物學家帕拉斯（Simon Peter Pallas, 1741–1811），他當時正為沙皇俄國服務。讓我們回到原點。

帕拉斯生於 1741 年的柏林。他父親是外科醫生，並令他

從小開始學習多國語言。他從小時候便會書寫拉丁文、英文、德文與法文。青少年時期，他的興趣就是自然科學。15 歲時，他已經想出幾種劃分動物分類的系統。他後來攻讀醫學，並在1760年的荷蘭萊頓完成論文答辯，主題是腸道蠕蟲的分類。（和大黃還沒有關係，不過……）

帕拉斯接著住在荷蘭海牙。25 歲時，他對珊瑚有興趣。他花了二十五年的歲月，辨識出珊瑚是動物。在那之前，人們以為珊瑚是植物。他也發表許多與罕為人知的動物有關的論文，例如斧足動物。由於母國同胞的眼界不足，他的著作並沒有吸引當地的注目，反而在國外大放異彩。俄羅斯的葉卡捷琳娜二世便給了他一個大好機會。當時，德國雖然有著高教育水準，但並沒有足夠的資金。所以許多著名學者都前往俄羅斯從事研究，例如數學家白努力（Jakob Bernoulli, 1654–1705）和歐拉（Leonhard Euler, 1707–1783）、胚胎學家馮貝爾（Karl Ernst von Baer, 1792–1876）之父、探險家格梅林（Sanuel Gottlieb Gmelin, 1744–1774）等。彼得大帝創辦的聖彼得堡皇家科學院十分歡迎這些外來學者。

🌿 金星與貝加爾湖

帕拉斯為何踏上探險之旅？是因為金星。不是因為得

名自金星的維納斯女神,而是太陽系的金星。1763 年金星凌日期間,法國派遣天文學家沙佩(Jean-Baptiste Chappe d'Auteroche, 1722–1769)到俄國托波斯克執行天文觀察任務。他回國後出版的著作充滿嘲諷,令女皇不悅到了極點。

1769 年,又是一次金星凌日。女皇希望周遭的外國人少一些,因此從自家的科學院挑選觀察這次天文現象的學者。她認為派遣博物學家也很重要,因此聯絡了帕拉斯,而帕拉斯充滿熱情地答應了。他在聖彼得堡待上一年準備旅程。這一年間,他並非無所事事,而是在撰寫西伯利亞大型四足動物骨頭的論文(簡直閒不下來),並指出當地有不少大象、犀牛和水牛。

塔迪厄(Ambroise Tardieu)繪製的帕拉斯肖像。

探險自 1768 年 6 月開始。隊伍中有 7 位天文學家與地理學家、5 位博物學家,以及數名學生。帕拉斯穿越俄羅斯的平原、在韃靼人的部落過冬、在裏海北岸游牧民族穿越鹽盤時會經過的亞伊克河(今烏拉河)止步,並在裏海北岸的古利亞逗留。1770 年,他流連於烏拉山脈兩側,參觀鐵

礦。他接著前往西伯利亞的托波斯克、阿爾泰山，最後來到葉尼塞河岸的克拉斯諾亞爾斯克。隔年，他穿越貝加爾湖、遊歷達烏里亞山脈，直到抵達中俄邊界。1773 年的回程，他鑽研俄國中部的人文風景，並於 1774 年 7 月 30 日再次踏上聖彼得堡。真是令人欽羨不已的行程！

植物學界的沙皇信使

追溯帕拉斯的旅程，彷彿置身法國小說家凡爾納（Jules Verne, 1828–1905）的小說世界裡！帕拉斯在日記中詳細記錄自己的觀察。旅途的條件十分嚴苛，幸好他有十足的勇氣驅除北地的寒冷。他在小木屋中度過六個月的冬天，以白麵包和酒果腹。夏天雖然短暫，但高溫令人窒息。帕拉斯回國時筋疲力竭，才 33 歲便受痛楚折磨，且滿頭白髮。這趟旅程雖然令青年時光充實不已，但卻侵蝕形體。他在重拾精力後，開始著筆撰寫專書，描述沿途所見物種。針對許多俄羅斯高知名度的動物，他描寫狼獾、紫貂、原麝，甚至也描寫北極熊。叢書中有一整冊在描述囓齒動物。他也提到一種介於驢和馬之間、生活在韃靼沙漠中的新種奇蹄動物。還有一種新發現的貓咪，帕拉斯認為這種貓是土耳其安哥拉貓的祖先。他的著作中也包含一些鳥類、兩棲類、魚類等等物種的首次

紀錄……最後，他著手開始一個超大型計畫，要撰寫沙皇俄國動植物的總體歷史（不過沒有完成，只寫完兩冊）。他的著作具有劃時代的意義。

帕拉斯在旅行途中變成了植物學家。他的著作《俄羅斯植物生態系》雖然只有兩冊，且主要描寫樹木和灌木，但也因豐富的內容奪得女皇喜愛。

「給我大黃，我給你番瀉」

番瀉是一種具有輕瀉作用的豆科植物，萃取物可用作瀉藥。法文中植物和萃取物都稱為「番瀉」。法文古諺「給我大黃，我給你番瀉」意指兩人彼此妥協，並向對方示好。

普魯士國王腓特烈二世在 1770 年 1 月 4 日寫給伏爾泰一封信，信中充滿溢美之詞：

您用藥之後，藥效比我們目前在歐洲完成的任何事物都更好。對我來說，我拿走了所有西伯利亞的大黃，也從藥劑師那邊拿走所有番瀉，卻不曾寫下《亨利亞德》。

（譯註）《亨利亞德》為伏爾泰詩作）

法國名劇《風流劍客》（譯註）1990 年翻拍的同名電影，臺灣將電影題名譯作「大鼻子情聖」）第二幕第八景中，作

者羅斯丹（Edmond Rostand, 1868–1918）給了主角席哈諾以下台詞：

不用，謝謝！一手輕撫山羊的脖子

而另一手為捲心菜澆水

並送出番瀉，意圖換來大黃

而他的香爐總在一些鬍鬚上？

法國著名歌手巴頌（George Brassens, 1921–1981）也在歌曲〈戴綠帽〉中唱道：

當這兩個傻瓜

彼此傳遞大黃和番瀉

有人共享了他們的愛人

值得一提的是，法國前總統薩科吉（Nicolas Sarkozy, 1955–）曾在引用這句古諺時口誤。他說的「給我沙拉，我給你大黃」在當時引發不少討論！不過，這不代表政治人物總是謊言連篇。

帕拉斯也出版了十分重要的地質學著作。為了喜愛冰河時代的讀者，他還發表了有關西伯利亞化石的第二篇論文。他聲稱在凍土中發現完整的犀牛，皮膚和血肉仍完好無損。

他也在葉尼塞河附近發現重達 1,600 磅（約 725 公斤）的鐵，這是地質學上的全新現象，真是驚人！韃靼人說這塊鐵是從天上掉下來的隕石。對帕拉斯而言，鑽研自然科學好像已經不足以令自己滿足了，他還寫了一本有關蒙古各民族的歷史書。他真是太厲害了！

穿越冰原的帕拉斯

帕拉斯在歐洲學術界備受讚譽、在聖彼得堡廣受推崇，成為不可忽視的重要人物。然而，他對旅行及野外生活的熱愛卻使城市生活變得難以忍受。定居生活和擁擠的人潮令他疲憊不已（冒險家很難停下來好好放鬆）。和宮殿高閣相比，帕拉斯更喜歡西伯利亞的森林。他抓住俄羅斯占領克里米亞的機會，前往拜訪這片新的疆土。

在 1793 和 1794 年間，他流連沙皇俄國南部的省分、再訪阿斯特拉罕，並遊覽切爾克西亞的邊界。切爾克西亞可能是亞馬遜傳說的起源，當地的新婚不到一年的男性只能在夜間爬窗與妻子見面。帕拉斯在切爾克西亞遭遇一起小意外，不過並不是拜訪女性時從窗戶摔落。在最後一趟旅程，他想要調查一條河流的沿岸，當時河面已經結冰，而冰層在他腳下碎裂。帕拉斯半身浸入河中，在天寒地凍中、遠離一切可

能的求援對象。他最終努力爬到地面上，用毯子覆蓋著自己。但這起意外使帕拉斯的身體變得虛弱，他希望可以在更為宜人的氣候中養傷。女皇提供他兩座陶里卡（今克里米亞）的村莊，以及一座宏大的房子，聽起來不錯。1795 年底，帕拉斯抵達當地，然而看似宜人的氣候在他看來卻是又多變又潮溼。縱使身體虛弱，帕拉斯在克里米亞度過十五年，忙著繼續編輯著作。他也致力改善葡萄樹的耕種方式，他自己也有大面積的葡萄園。不過，他的心早已不在克里米亞。他最終把自己的土地賤價出售，向俄國道別。闊別家鄉四十二年後，他回到出生地柏林。許多崇敬帕拉斯智識的青年博物學家在其門下學習（至少傳記中是這麼說的）。帕拉斯在 1811 年 9 月 8 日去世，享壽將近 70 歲。

🌿 追尋真正的大黃

帕拉斯的足跡踏遍俄羅斯大江南北。他對大黃也很有興趣，當時大黃在歐洲可是門非常成功的生意。好的，你們可能比較想聽我說冷凍犀牛、隕石或兔猻（法文稱為「帕拉斯的貓」）。兔猻的臉部看起來滑稽可笑，帕拉斯在 1776 年首次在著作中提到這種貓科動物。兔猻看起來隨時都在扮鬼臉！看看貓星人在 YouTube 有多紅，說不定這本書會因為兔猻而

賣得更好！不過，我還是不打算和各位描述這種貓科動物，讓我們專注在大黃根部的故事。帕拉斯在遊記中提到貝加爾湖周邊的布里亞特人如何食用大黃：

布里亞特人生吃大黃酸溜溜的莖部來止渴；不到必要時刻，他們不會這麼做，因為大黃根部的收斂效果很強，會使喉嚨收縮，並使舌頭和味蕾的作用減弱，必須等上最少一整天才能回復味覺。我也曾不幸被迫經歷這種體驗。

之後人們便發現，喝一杯伏特加來止渴，對喉嚨的負擔還比較少！

俄國女皇葉卡捷琳娜二世希望深入了解真正的藥用大黃，當時的人們對這種植物仍然所知甚少。因而，帕拉斯致

兔猻（*Otocolobus manul*，由帕拉斯在 1776 年發現，法文稱為「帕拉斯的貓」）。

力回答這個艱難的問題。在西伯利亞的克拉斯諾亞爾斯克郊區，他竭力調查真正的藥用大黃究竟是哪個物種：掌葉大黃（*Rheum palmatum*）？馬蹄大黃（*Rheum officinale*）？波葉大黃（*Rheum undulatum*，目前併入 *Rheum rhabarbarum*）？這個問題絕非易事，令我們的植物學家一個頭兩個大！女皇稍後又派遣另一位植物學家席佛斯（Johann Sievers, 1762-1795）。席佛斯除了致力於大黃行動外，最終還在哈薩克發現了蘋果樹的祖先（新疆野蘋果，*Malus sieversii*）。

最後，帕拉斯認為人們所謂的「真正的大黃」並不是單一一種物種，而是數種物種。這個想法顛覆了當時人們對大黃的認知！不過，帕拉斯幫助我們更認識西伯利亞各地栽種大黃的方式。對我們而言，這比較有趣，不是嗎？和一大堆拉丁文學名相比，我們比較想知道人類與植物的互動。我們這位聰慧的冒險家這麼說：

> 大黃主要來自克拉斯諾亞爾斯克，是當地山區的野生植物之一。當藥學院要求這種植物時，該市官員便僱用工人以統一的價格運送。他們在秋天的山區各地採收大黃，尤其是阿巴坎河上或葉尼塞河之外的地區（……）。

他也說明，由於當地氣候潮溼，大黃根部很容易放到腐爛。因而，當地有一整套的乾燥技術。帕拉斯在準備大黃根

部時便曾親自實驗：

　　我得到一些來自烏金斯克和薩伊雅山的新鮮大黃。我把這些大黃的根部吊掛在爐灶房的天花板。當這些大黃乾燥完成後，我剝開其中較優質植株的皮，如此便能獲得與中國大黃同樣緊實、但顏色更為漂亮的大黃，且藥性相同。

　　1772 年 4 月，帕拉斯造訪著名的邊界城市恰克圖，繼續調查大黃。當地的聯絡人和他說，在恰克圖轉運的大黃都是在中國喀爾喀淖爾湖（青海湖的蒙古語名稱）西南方栽種，也就是西藏的位置。4 月，人們在那裡收割大黃根部，並在 5 月乾燥。這次調查至少給了帕拉斯一則結論：最優質的大黃栽種地是西藏，因為那邊的氣候較為乾燥。

　　敬告各位讀者：如果想要找到最棒的大黃，不用去西伯利亞忍受天寒地凍了！

「溫室大黃」

在許多令人矚目的大黃物種中，塔黃（*Rheum nobile*）特別值得留意。除了它外表美觀（真的很美！）之外，這個物種的確令人不可思議。阿富汗、不丹、尼泊爾、西藏和錫金都能發現塔黃的蹤跡。塔黃生長於 4,000 至 4,800 公尺的高海拔山區。因為演化出適應高海拔的方法，在英文又稱為「溫室植物」（glass house plant）。塔黃並非使用係數 50 的防曬乳，而是使用一排苞片（經過變形的葉子）來創造溫室效應，進而自我保護。這種方法同時可以禦寒和防晒！

9

全世界最大、最臭的
花的發現紀錄

有些植物真的很奇怪。我們即將介紹的植物更是奇異至極！
這「東西」生長於印度尼西亞、馬來西亞和菲律賓。發現它
的兩位仁兄也是異於常人：酼腆的博物學家與富有冒險精神
的總督。

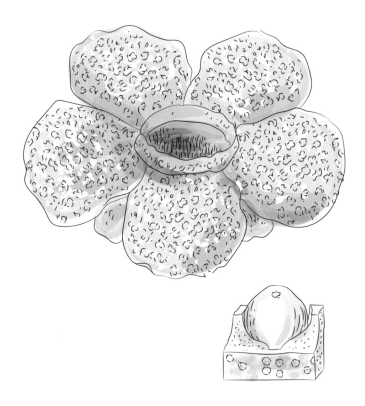

阿諾德大王花
（ *Rafflesia arnoldii* R. Br. ）

什麼植物長得這麼醜！一大片的淡紅色，還有白色膿包……而且還很難聞，真令人恐懼！雖然這麼說，這植物還是有令人愉悅之處。

　　此外，這植物非常大。或許有人會問，這是不是外星植物，或是基因改造而來的植物。不過，這不是科幻小說作家洛夫克拉夫特（H. P. Lovecraft, 1890–1937）的恐怖小說，也不是《異形》翻拍版，這的確是一種來自世界另一端的植物，發現地位於印度尼西亞或馬來西亞的叢林。真的是植物，有血有肉──好像應該說有葉子有葉綠素？不過，也不對啦，這種植物並非綠色，也不會光合作用。你很快就會知道原因了。

　　這「妖怪」的直徑可以達到 1 公尺，重量也能達到 11 公斤。它就是全世界最大的花「阿諾德大王花」，拉丁文學名為「*Rafflesia arnoldii*」。學名來自發現者萊佛士（Stamford Raffles, 1781–1826）和阿諾德（Joseph Arnold, 1782–1818）。你或許會說植物學家取名很隨便，但這其實是向前人致敬！「*Rafflesia arnoldii*」便是向兩位著名博物學家致敬……

　　你或許曾聽過新加坡的萊佛士酒店。許多大明星曾下榻這間高級飯店，包括英國小說家康拉德（Joseph Conrad, 1857–1924）、英國詩人吉卜林（Rudyard Kipling, 1865–1936）、

英國喜劇演員卓別林（Charlie Chaplin, 1889–1977）、美國演員韋恩（John Wayne, 1907–1979）、法國作家馬爾羅（André Malraux, 1901–1976）、英國歌手鮑伊（David Bowie, 1947–2016）等等。美國總統老布希（George H. Bush, 1924–2018）也曾住過，不過他和前面幾位的意義大不相同。

不過，在成為飯店的名字之前，萊佛士本身也是個重要人物。他是名出色的政治家、是新加坡自由貿易港的奠基人（該島國如今滿布銀行，但人們無權嚼食口香糖）、爪哇總督，還是名優秀的博物學家。這非常厲害，你可曾聽過哪位政治人物可以辨認植物或蟲子？

🌿 萊佛士爵士：出身上流、博學多聞、對食人族充滿興趣

我們的故事開始於兩百年前。出身英國的萊佛士出生於1781 年的海上。精確來說，他出生於在牙買加一個港口的一艘船上。他的父親在英國東印度公司擔任船長，這樣的出身使他注定要闖出一番與眾不同的事業。他攻讀文學與科學，飛速學會法文，還很會畫畫。簡直天賦異稟！

1805 年，他受派前往馬來亞檳城。他在當地學會馬來文，並與大他 10 歲的奧莉維亞・德文尼許（Olivia Mariamne

Devenish, 1771–1814）結縭。（差距10歲的姊弟戀，真前衛！）

數年後的 1811 年，萊佛士受任命為爪哇副總督，便和妻子一起搬到當地。兩人彷彿生命共同體：萊佛士的每個專案和決策，奧莉維亞都在一旁。奧莉維亞於 1814 年因當地生活

萊佛士

條件不佳而不幸過世。他因此在爪哇受了不少苦。（你不認同嗎？）不過，人生不能沒有愛的滋潤（感謝法國傳奇歌手甘斯柏的名曲〈爪哇女子〉），他在數年後的 1817 年便與蘇菲亞・霍爾（Sophia Hull）成婚。

令人驚訝的傳粉：小心，會發燙！

大王花屬的植物會進行產熱作用，也就是會產生熱能。很少有植物會進行這種作用。產熱作用能幫助大王花釋出揮發性化合物，進而吸引協助傳遞花粉的外力。不過，這時發散的味道，彷彿是在潮溼叢林中健行十四日、從未換過襪子的旅人腳上的雨靴！事實上比這還可怕：味道像是腐肉……或說屍體。

> 對協助傳遞花粉的昆蟲來說，高溫也創造一個更舒適的微環境，讓他們能夠以更低的新陳代謝來活動（因為這些「中央暖爐」，這些昆蟲可以花費更少能量）。

1818 年，萊佛士受任命為明古魯總督（該地位於蘇門答臘島）。除了又帥又聰明（而且又有錢又有名又富有冒險精神——如果我出生在兩百年前，我想以他兩任太太奧莉維亞和蘇菲亞的名字為自己命名），他的確多有建樹、施行許多重要改革，包括在爪哇廢除奴隸制度、重建古廟和古蹟。萊佛士回到倫敦時，他參與創辦倫敦動物學會，並加入倫敦動物園的籌備委員會。你知道嗎？1816 年 5 月，他在聖海蓮娜島見到了拿破崙！這位君王詢問他不少有關爪哇的問題：當地人跳爪哇舞嗎？法國傳奇歌手甘斯柏就是在爪哇唱誦名曲〈爪哇女子〉嗎？開玩笑的……皇帝問的是爪哇咖啡是不是真的比波旁島（今留尼旺島）的咖啡好喝。萊佛士很失望，拿破崙對他本人不是很感興趣。他還記得什麼呢？「這名男人是個怪物，心中沒有真正的人類會有的任何情緒……」他回到東南亞，並在 1819 年 2 月 6 日建立新加坡殖民地。新加坡島的人口在四年間從 1,000 人成長至 10,000 人，現在更有

超過 500 萬居民！

不過，讓我們先回到他在蘇門答臘的植物學冒險。我們這位總督十分沉迷於自然科學，對植物和動物同樣熱愛，對礦物、人類及人類文化也同等迷戀。他不安於室，沒辦法舒舒服服地坐在皮革扶手椅、手拿香菸、享用一杯棕櫚酒、由兩名美麗的原住民在一旁以棕櫚葉搧風。他是享受戶外生活的人，不適合坐在辦公室裡。他不畏懼前往蠻荒的未知之地冒險、不畏懼森林的危險，也不畏懼在山區長途跋涉。他是最早攀上格德火山的西方先驅之一，該山海拔 2,143 公尺。他對當地人也飽富興趣：他遇見了真正的食人族，還研究他們（甚至自己蒐藏了一系列頭骨）。此外，他熱愛森林。在回憶錄中，萊佛士寫道：「在馬來亞的森林中，沒有什麼比廣袤的植被更令人印象深刻。」與馬來亞的森林相比，英國的植被彷彿小矮人一樣。

另一種巨大的花卉

那麼，世界上最大的花是什麼呢？巨花魔芋（*Amorphophallus titanum*，如同拉丁文學名的暗示，這種花長得像是……陽具〔*phallus*〕）又稱泰坦魔芋，是一種

天南星科的植物。你家裡的花燭和蔓綠絨也屬於天南星科。巨花魔芋的花序最長可達 3 公尺。這便是差異來源。大王花是最大的單生花，而巨花魔芋則是花序——也就是一系列天南星科的花朵生長在肉穗花序上（看起來像⋯⋯陽具）。巨花魔芋的開花期很短（72 小時），會釋放出腐肉的味道：臭味便是這兩種花的另一個相同之處！

　　事實上，巨花魔芋保有全世界最大不分枝花序的前幾名紀錄。不過，在巨花魔芋之上還有貝葉棕（*Corypha*），貝葉棕的花序可以高達 8 公尺，並且由 600 萬朵花組成。

🌿 阿諾德：孤僻的植物學家

　　本章的另一個主角是名為阿諾德的海軍外科醫生。他的旅遊足跡早已踏遍各地，甚至完成了環遊世界一周的壯舉，從澳洲出發、終點站是里約熱內盧。在環遊世界的旅程中，他蒐集了無數昆蟲。命運也會把他帶到印度尼西亞的窮鄉僻壤嗎？

阿諾德

1815 年 9 月 3 日，永不疲憊的阿諾德結束不倦號上波濤洶湧的航行，抵達巴達維亞。不倦號原本打算要載著胡椒和咖啡回到倫敦。然而，七週後啟航時，不倦號卻滿載著阿諾德的各種家當，包括書籍、紙張、來自南美洲及袋鼠王國的昆蟲。阿諾德原本期望回到英國，卻在印度尼西亞滯留三個月。不過，塞翁失馬，焉知非福：他和萊佛士相談甚歡。萊佛士在布依天索格（今茂物）的官邸接待阿諾德。而阿諾德在當地採集植物和昆蟲（但卻被螞蟻吃光光，不幸的命運持續影響著他）。

　　他最終於 1815 年 12 月搭乘希望號啟程前往倫敦（這艘船的名字取得真好，希望這次可以得到幸運之神的眷顧）。阿諾德原先希望帶一些植物給博物學家班克斯（Joseph Banks, 1743–1820），然而……這些植物若不是遭老鼠啃食殆盡，就是受了潮。命運對他的追擊簡直毫不留情。可惜當時還沒有快遞公司。不過，這並沒有阻止阿諾德。抵達倫敦後，他認識了另一位重要的博物學家布朗（Robert Brown, 1773–1858），也結識了達爾文未來的兩名好友：植物學家胡克（Joseph Dalton Hooker, 1817–1911）和地質學家萊爾（Charles Lyell, 1797–1875）。

　　此時，阿諾德得到林奈學會一份十分優渥的工作機會，

沒有老鼠也不會受潮；不過……有另一個千載難逢的機會也出現了：萊佛士正在招聘博物學家，為他在蘇門答臘西部明古魯的團隊充實人力。阿諾德馬上奔向明古魯的工作機會！他在 1817 年 11 月登上萊佛士夫人號，隨後便全身心投入自己的工作，自稱是「孤僻動物」（這是他自己寫在日記上的用詞）。他同時也是位高明的醫生，還替萊佛士的夫人接生！對萊佛士總督而言，阿諾德就是家庭的一分子。

發現一種怪物般的花卉

1818 年 5 月，萊佛士踏上探索之旅。一同陪伴的除了阿諾德，還有夫人蘇菲亞、普利斯格夫先生、當地村莊曼納的 1 名居民、6 名當地官員，以及 50 位挑夫。探險隊前往明古魯的森林，風光明媚但住滿老虎的地方。這些可愛的動物時不時會吃人。許多村民向萊佛士訴說自己的家人命喪老虎爪下。然而，人們卻又崇敬這些野獸。老虎在當地非常神聖，被當地人視作祖父，即便老虎偶爾會吃掉他們的祖母！老虎靠近村莊時，村民會擺出水果和米來迎接。居民的盛情難卻，但老虎爺爺比較想吃肉。

在螞蟻背或象背上移動

很少人清楚大王花的生命週期。大王花的一生大約為四到五年。一開始，藤本植物宿主的枝枒會隆起。大約六到九個月後，隆起物便會長成大顆高麗菜般的外貌。花期的開始約二十四至四十八天，接著便會長出五瓣大花。花朵完全盛開的期間只有八天。（要挑好日子才能親眼目睹！）授粉後（也就是花粉從雄蕊傳播到雌蕊），果實需要六至八個月才會成熟。

種子散播則非常快（依據協力者的能耐，僅需一至兩天）。傳播種子的協力者是動物，但我們不曉得是哪種動物。有些人認為是大象，也有人認為是……螞蟻！

種子接著要花四十八個月才能在宿主身上生根。小小的種子如何穿透那麼厚的藤本植物樹皮？這還是個未解之謎……

無畏的探險者們先是追蹤大象的足跡，接著穿過浪漫景色中的許多溪流。遇到水蛭已經讓他們心慌不已，在度過短暫的夜晚後，在附近徘徊的象群驚醒了他們。人們雖然喜愛

這種動物,但可不想這麼近距離接觸!當地人告訴他們,大象有兩種:群體生活的大象十分調皮,而獨自生活的大象則非常凶猛。不過,度過這獸影幢幢的一晚後,改變歷史的事件發生了……那天是 1818 年 5 月 19 日,探險隊正安靜地探索周遭區域。突然間,在曼納的河岸上一個名為「布柏・拉邦」(Pubo labban)的地方(這名字真的非常有異國風情),探險隊的一名僕從跑向阿諾德,並大喊:「先生快來!來看一朵又巨大又壯觀的花!」阿諾德馬上抱著莫大的熱情趕向前去。這株植物令他震撼,他的腦海裡只有一個念頭(或說是植物學家的反射反應):摘下來!這朵花這麼大,只需一朵就足以稱作一把花束。阿諾德拿出他的帕朗刀(馬來亞居民用的大型刀具),準備將這朵花連根拔起,帶回住處。他描述這種花是「植物世界最大型的奇觀」。

這株植物除了巨大無比的花之外,沒有葉子、沒有莖,也沒有根。這還算是株「植物」嗎?大王花並不像是罌粟或蒲公英,比較像是香菇,但不一定會引發幻覺。

幸好阿諾德有一起見證的同伴。如果他自稱親眼見過這麼大的花朵,人們或許會以為他在吹牛。他(還)沒有染上熱帶疾病,這真的不是他的幻想。阿諾德也驚訝於圍繞著這朵花飛舞的大批蒼蠅。味道如何呢?他描述大王花的味道像

是腐爛的牛肉——人們將這種說話之道稱為「委婉」。

一位嚮導跟他們說明，這株植物很罕見，稱為「克魯布」（krûbûl）或「安溫安溫」（Ambun Ambun），意思是「萬花之花」。可見對當地人來說，這種花不是什麼新鮮事。

阿諾德和萊佛士很快便猜測這種植物無法自力更生。大王花生長在一種名為崖爬藤（Tetrastigma）的藤本植物上，可見是一種寄生植物。這並不奇怪，畢竟大王花沒有葉片和莖部，還能怎麼生長和自給自足呢？這種植物並非綠色，行徑有如外星人，也沒辦法行光合作用（很合理，懶惰到彷彿沒手沒腳的人沒飯吃，那沒有葉片的植物也不能行光合作用），這也是大王花必須從藤本植物宿主身上擷取養分的原因之一，它其實是株植物吸血鬼！

根據目前已知的範疇，大王花每年只會在雨季後開花一次。在開花之前，花苞長得像是大顆的高麗菜，就是各位家中花園看到的那種。大王花無毒，但很罕見。在某些地方，人們認為大王花具有藥性，可用作藥材。例如，婆羅洲的居民便認為「大王花茶」可以幫助女性產後復原。

基因海盜！

學界最近發現大王花可以偷取藤本植物宿主的基因。
這稱作基因水平轉移。基因通常採垂直轉移，也就是由親
代傳遞給子代（因而必須是同一物種）。水平轉移發生時，
生命體中含有來自其他生命體的遺傳物質，但這兩個生命
體並沒有親子關係。細菌的基因橫向轉移廣為人知，在
1959 年便已證實。2012 年，學界也在肯氏大王花（*Rafflesia cantleyi*）驗證出相同的基因水平轉移現象。

世界最大花朵的命名緣由

後續的冒險中，還有新的著名植物學家加入。1818 年 6
月，美國博物學家霍斯菲爾（Thomas Horsfield, 1773–1859；
南小麝鼩的學名「*Crocidura horsfieldii*」便來自這位學者）與
阿諾德相識。霍斯菲爾是萊佛士的好友，也在爪哇工作。

霍斯菲爾馬上便認得這種巨大的花卉。他幾年前也曾
親眼見過類似的物種，不過比較小。霍斯菲爾和阿諾德一起
採集地質樣本，裝運在萊佛士夫人號運回倫敦。萊佛士夫人
號滿載無數樣本，包括阿諾德採集的大王花。而地質樣本的

無法人工栽種的植物？

長期以來，大王花也因為無法人工栽種而聞名於世。然而，為了保存不同的物種，許多研究正在努力繁殖大王花。例如，法國的布雷斯特國家植物學院及印度尼西亞的茂物植物園便簽約合作，力圖繁殖帕瑪大王花（*Rafflesia patma*）。美國學者也正在努力繁殖來自菲律賓的大王花物種。

好處，便是不會遭到動物啃食。船上的所有樣本，再加上萊佛士寫的信，一起安全地送到另一位著名博物學家班克斯（Joseph Banks, 1743–1820）手上。班克斯曾和庫克船長（James Cook, 1728–1779）一起環遊世界。（不過班克斯比庫克還幸運。庫克的姓氏彷彿預見了他的下場：在回到夏威夷群島的路上，他遭到夏威夷原住民烹食。）班克斯也從未見過這麼驚人的植物部位。

另一名發現大王花的人？

第一位發現大王花的人，是法國探險家德尚（Louis Auguste Deschamps, 1765–1842）。他曾受命尋找失蹤的另一位法國探險家拉彼魯茲（Jean-François de La Pérouse, 1741-1788），事後便留在爪哇。1797 年，他採集了一份大王花樣本。不幸的是，在一年後的回程中，他的文件和樣本遭到英國人沒收。當時英法兩國正在交戰。

德尚觀察到的物種應為霍式大王花（*Rafflesia horsfieldii*），比阿諾德大王花（*Rafflesia arnoldii*）還小。

最終，管理班克斯植物標本集的布朗（如果你有細讀前文的話，就會知道它也是阿諾德在倫敦的朋友之一）將這個新的巨型物種命名為「*Rafflesia arnoldii*」，向兩位植物學家致敬。這個名字的確有些不公平，雖然阿諾德才是第一個發現大王花的人，但因為萊佛士比較有名，萊佛士便成了屬名！順帶一提，布朗在後世也頗有名，但不是因為植物學界的功績，而是因為布朗運動（布朗觀察了小分子在液體中的活動，這其實是物理學的發現）。

世界最大的花卉中，最小的物種

最新發現的大王花物種之一為康斯薇洛大王花
（*Rafflesia consueloae*），2016 年由一位學者在森林間跌
倒時意外發現。這是菲律賓群島發現的第十三個物種。這
種小型大王花的平均直徑只有 9.73 公分！康斯薇洛大王花
已經嚴重瀕危。和其他散發腐屍味的大王花不同，這種大
王花散發椰子的香味。真是宜人！種名「*consueloae*」則
來自一名菲律賓工業鉅子的太太康斯薇洛（Consuelo）。

在蘇門達臘島上、印度尼西亞明古魯省的北方，也發
現了另一種大王花。2017 年 10 月發表時，這種大王花命
名為「*Rafflesia kemumu*」，種名來自發現這種植物的村莊。

在發現世界上最大的花朵後，萊佛士、萊佛士夫人、阿
諾德和霍斯菲爾於 7 月中抵達另一座大城巴東，準備前往蘇
門答臘中部的山區探險。然而，阿諾德嚴重發燒，因為太虛
弱而留在巴東。他可能感染了霍亂。當萊佛士和探險隊在 7
月 30 日回到巴東時，得知阿諾德在四天前便過世了。可憐的
阿諾德在重大發現後沒多久便與世長辭，至少他得以體驗探

險與發現的興奮。他溘然長逝那一天，就和他平常的生活一樣孤獨一人，真令人感傷。

今天的人類共發現 23 種大王花，全數位於東南亞，並成為當地的重要象徵。在馬來西亞，大王花出現在郵票、鈔票和米袋上。大王花也是印度尼西亞的三種國花之一。這種來自未知境地的植物既神祕、奇異又美麗（或醜陋，這畢竟見仁見智），同時是保護生物多樣性的象徵，也是重要觀光財。

大王花還有專屬的寶可夢（霸王花，[譯註] 霸王花的日文及法文名稱皆直接取自大王花的拉丁屬名〔Rafflesia〕。中文則取自大王花的別稱），真是絕妙的巧思！

10

很久很久以前的美國大西部，有棵全世界最高聳的樹木

1794 年，蘇格蘭植物學家孟雅斯（Archibald Menzies, 1754–1842）隨著溫哥華上校（George Vancouver, 1757–1798），在美洲沿岸展開動盪不已的長途探險。他們在加利福尼亞發現一株高聳入雲的紅杉。以下將向各位介紹，這位蘇格蘭植物學家塵封在船上小屋的超凡之旅。

紅杉
（ *Sequoia sempervirens* 〔D. Don〕Endl. ）

115.55 公尺，這是全世界最高的樹木「亥伯龍樹」
（Hyperion）的高度。你能想像這棵樹究竟有多高嗎？大
約和艾菲爾鐵塔的二樓差不多高，比自由女神像和大笨鐘
還高！和這棵樹相比，讀者家中的聖誕樹只是個小矮人而
已。這株自然的摩天大樹是棵紅杉，拉丁文學名是「*Sequoia
sempervirens*」。人類在 2006 年於美國加州發現這棵樹木，其
確切地點是最高機密：為了確保沒有人可以來破壞周遭環境！
名稱「亥伯龍」則來自希臘神話中的泰坦巨人「海柏利昂」
（Hyperion）。讓我們回到過去，參與一趟前往加州的旅程，
當時人類正在發現第一批超高樹木。我們的嚮導是位蘇格蘭
植物學家，這位主角名為孟雅斯，他會帶我們深入淘金潮年
代的美國西部。

三種巨木

紅杉是一種柏木，原先屬於杉科，後改隸柏科。紅杉
亞科有三個彼此非常不同的物種。口語的紅杉通常指的是
「*Sequoia sempervirens*」，法文又稱「長有紅豆杉樹葉的
紅杉」（séquoia à feuilles d'if）。這是最高、最纖細的紅杉。
第二個物種是巨杉（*Sequoiadendron giganteum*）（又稱世

1
2
3
4
5
6
7
8
9

10

界爺），是最粗壯、最大的紅杉，巨大無比。然而，巨杉
卻比紅杉稍微矮小一些，不過這裡的「矮小」最高仍能達
到 85 公尺。

第三個物種則是水杉（*Metasequoia glyptostroboides*）。
人類原先以為這種樹木已經絕種，直到 1943 年在中國再
度發現水杉。和其他兩名親戚不同，水杉的樹葉會掉落，
而且比較喜歡在東方生長、而非西方。

孟雅斯和比利時漫畫《丁丁歷險記》的哈達克船長
（Capitaine Haddock）一樣都叫做阿奇博爾德（Archibald）——
奇妙的巧合！孟雅斯就和哈達克船長一樣，揚帆駛入大海，
準備環遊世界。孟雅斯生於 1754 年（和法國國王路易十六同
年），父親是名園丁。14 歲時，他離開蘇格蘭湖邊的故鄉，
追隨著名植物學家霍普（John Hope, 1725–1786）前往城市。
他在愛丁堡植物園成為霍普的學徒，研讀植物科學及外科醫
學，在 1781 年成為海軍的外科醫生。他曾登上參與安地列斯
群島桑特海峽戰役的軍艦，隨後在新斯科細亞的哈利法克斯
找到工作。當時哈利法克斯只是個剛創立三十年的城市。植
物學很快便成為孟雅斯主要的工作內容，他開始將青苔、地

衣等物種的樣本送往在這本書中已經出場過的著名植物學家班克斯。班克斯並不拖泥帶水，很快便將這些樣本收入他的植物標本集。

孟雅斯在 1786 年回到英格蘭，又在同一年搭乘威爾斯親王號離開。當時的威爾斯親王還不是查爾斯。（可惜船上也沒有黛安娜王妃般的人物，不然這段故事就會更精彩可期。）〔譯註〕威爾斯親王〔Prince of Wales〕為英國君主給予長子的頭銜。本書於法國出版時，英國君主為伊莉莎白二世，威爾斯親王為查爾斯。2022 年查爾斯繼位為查爾斯三世後，便冊封其長子威廉為威爾斯親王。）該船指揮官是科爾內特（James Colnett, 1753–1806），他是名動物皮毛的走私者，當時動物皮毛非常流行。這趟冒險的目的地是北美洲和中國。在這趟旅程中，孟雅斯一如既往地蒐集了不少樣本。

🍃 與溫哥華環遊世界

孟雅斯在 1789 年回到英格蘭，當時的英格蘭比法國還不熱鬧。1791 年，他登上探索號（Discovery）──不是播放紀錄片的電視頻道，而是貨真價實、載著探險家的船隻──離開英格蘭。經由班克斯推薦，他成為海軍指揮官溫哥華麾下的博物學家。這位指揮官跟加拿大的城市同名！事實上，

孟雅斯

是城市以他的名字命名。孟雅斯運氣非凡，當時探險號的船醫生病，正在尋找替補。塞翁失馬，焉知非福……

溫哥華曾於庫克船長（在夏威夷成為盤中飧的那位）麾下學習。他比自己的師傅幸運，逃過了駭人的厄運。他這趟新旅程的目標並非賞鯨或賞熊，也不是打獵，而是描繪美洲西岸的地圖，以及尋找著名的西北航道。他當時 35 歲，以難相處聞名。此外，他為人有些嚴謹，並不打算與當地人往來。不過，對孟雅斯而言，這是展開全新冒險的絕佳良機。那正是淘金潮的年代，只可惜他對澳洲、夏威夷、美洲等新發現地區的未知植物更有興趣。

在整趟旅程中，他採集無數樣本，其中包含英文稱為「孟雅斯草莓」的早生洋楊梅（*Arbutus menziesii*），但其實這種植物和草莓沒有關係。在北美洲，孟雅斯也採集了一種名為北美雲杉（*Picea sitchensis*）的樹木，並將這種樹當作維他命 C 的來源，用來對抗壞血病，同時還能為船員製作啤酒（這是庫克船長留下來的食譜）。他也發現了緋紅茶藨子（*Ribes sanguineum*）和花旗松（*Pseudotsuga menziesii*）。花旗松的拉丁文種名雖然得名自孟雅斯，但法文將這種樹稱為「道格拉斯冷杉」──得名自將花旗松引進英格蘭的植物學家道格拉斯（David Douglas, 1799–1834）。

　　除了植物探險外，孟雅斯的漫長旅途中也沒逃過幾次驚濤駭浪。有一次，船員駐紮在一個無人小屋，一股不尋常的惡臭湧現在村裡骯髒又狹小的巷弄裡。突然，無數跳蚤向他們襲來！跳蚤瞄準船員的鞋子和衣服。牠們勢如潮水，逼得全隊成員都必須拔起雙腿快跑。他們頭也不回地逃離這個駐地、逃離惡魔般的敵軍。有些人全裸跳進海中，也有人全副武裝地落海。（哇，試想那副光景！）當晚，他們忙著將全身上下的衣著放進滾水中，以便擺脫惱人的害蟲，並將這座村莊取名為「跳蚤村」。探險家的生活果然不是常人可以經受的！

🍃 船上的衝突

　　除了惡蟲侵擾外，這麼長的旅程總有不少紛擾。船上並不是每天都在演美國電視劇《愛之船》，整體氛圍並沒有那麼舒適快活。溫哥華是個難以相處的人。班克斯很早便警告孟雅斯這艘船的指揮官並不隨和。然而……孟雅斯也不是吃

素的。在那個沒有 Airbnb 和易捷航空（EasyJet，歐洲第二大廉價航空公司）的年代，志於環遊世界的人多少得有些性格，畢竟旅行簡直完全不易捷！溫哥華和孟雅斯陷入嚴重的爭吵，前者抱怨後者太占空間。事實上，占空間的是孟雅斯的各種藏品！船並不大，船員已經不知道要把孟雅斯蒐集的各種植物放到哪裡。不過，蒐集植物樣本就是這位植物學家受僱的目的……而且人類並不是每天都可以環遊世界、發現新物種！然而，這些植物在船上的存放條件很糟糕。有些植物直接放在甲板上，毫無遮蔽，於是這些樣本便壞死了。孟雅斯因此火冒三丈，而溫哥華決定反擊。陷入盛怒的溫哥華將孟雅斯關進牢房。我們的這位蘇格蘭植物學家就這麼遭關進船上的小房間裡。

當溫哥華要求孟雅斯交出日記和繪圖時，相同的爭吵便持續發生。溫哥華其實是在履行職責、下達命令。然而孟雅斯卻拒絕，並又一次因無禮和藐視而遭逮捕。溫哥華想將這位博物學家送上軍事法庭。幸好，這些喧囂最終平靜了下來，兩人最後都只留下有關對方的美好記憶。

請原諒我寫了一大段跟植物學無關的內容，但總是要有一些吸引人目光、高戲劇性的奇聞軼事，讀者才不會睡著。每個人都知道，衝突造就了人類的歷史！

🍃 巨人國

讓我們回到本章的主題：世界最高的樹木。1794 年，孟雅斯在美國西部探索溫帶森林。氣候潮溼、多霧、涼爽，比叢林還清爽不少。他周遭的樹木都非常高聳，這些巨大的松樹令人彷彿步入植物的大教堂。真令人驚訝！孟雅斯雖然高，當下的他一定感覺自己只是個小矮人，以為自己身在《侏儸紀公園》中——只是沒有恐龍，而且他身處的時代遠比這部電影還古早。此外，這些樹木就是侏儸紀松樹的後代，只不過仍略有演化。

自動微澆水

很難想像樹木怎麼會長這麼高，尤其這種樹木的根部並不會深入地底。為了長得頭好壯壯，紅杉大多數的水分並非由根部吸收，而是從葉片吸收：從霧氣吸收水分。

紅杉的樹皮是紅色的，這也是「紅杉」名稱的由來。由於印第安人早就認識這種樹木，所以我們並不能說孟雅斯「發現」紅杉。印第安人甚至膜拜這些樹木，將巨木奉若神

明。西班牙傳教士注意到這種現象。方濟會士柯雷斯比（Juan Crespi, 1721–1782）便提及和印第安人一樣「紅皮膚」的樹木。但這些樹木當時只令人起疑而已。

孟雅斯因此成為紅杉的「官方發現人」。這是世界上最高大、最雄偉、最強壯的樹……果然是在美國土生土長的生物。事實上，其拉丁屬名「*Sequoia*」便來自一名切羅基族的印第安人。奧地利植物學家安德里歇（Stphan Ladislaus Endlicher）在 1847 年為紅杉命名，命名緣由是一位名叫塞闊雅（Sequoyah，意思是負鼠）的切羅基銀器商人。塞闊雅是名混血兒，父親是德國人。他在切羅基歷史上擔任莫大的重要角色。為了促進族人與白人的交流，他發展出切羅基語的拼音系統，並發明了切羅基文字，使得該語言不再僅限於口語。然而，可憐的塞闊雅卻在一次殖民者的攻擊中遭到刺殺。

孟雅斯並沒有採集紅杉的植株。的確，一棵樹會比背心裡的幾朵小花還多占上不少空間。紅杉是在 1846 年由倫敦皇家園藝協會聘僱的植物收藏家哈特韋格（Theodor Hartweg, 1812–1871）引入英格蘭。

此外，雖然當時並沒有引發爭議，但如今學界已經確認孟雅斯可能並非紅杉真正的「發現人」。在三年前的 1791 年，捷克植物學家哈恩克（Tadeáš Haenke, 1761–1816）參與西班

牙軍官馬拉斯皮納（Alessandro Malaspina, 1754–1810）的探險，在加利福尼亞的蒙特雷地區採集了紅杉種子。這片森林非常值得作為電影拍攝的地點，哈恩克當時肯定也驚訝得目瞪口呆。此外，的確有不少電影在這篇紅杉林中拍攝。《星際大戰》第六集中恩多星球的森林便取景自美國的紅木國家公園。

鬼魅紅杉

我想和各位介紹一個植物界奇觀。在美國加州的州立洪堡紅杉公園，人們發現葉片全白的紅杉，宛如白化症患者！有些樹木的葉片全部都是白色，有些只有幾株枝幹，其他則兩種症狀各半。這種現象非常罕見，大約只有 400 棵植株。

因而，白化症並不只限於人類和動物。植物的白化症是出於缺乏葉綠素。有位加州的遺傳學家對這個謎團十分感興趣。他注意到，這些鬼魅般的樹木生長於貧瘠的土壤，他們的綠葉朋友們很難在相同的土壤環境中生長。這種土壤富含重金屬，而這些白葉紅杉的重金屬含量也達到普通紅杉的兩倍之多。如果砍伐一旁的綠葉紅杉，也會阻

礙這些白化紅杉的光合作用。學者認為這兩種紅杉之間形成共生關係。綠葉紅杉提供光合作用，而白化紅杉則吸收有毒汙染物作為交換。

　　至於半綠半白的紅杉，這兩種葉片的 DNA 互不相同。遺傳學家說明，這有如兩個不同的人生長在同一副軀體中。

 ## 猴子的絕望

　　溫哥華與孟雅斯的旅程共達四年。在回到英格蘭之前，船隻先到智利的聖地牙哥中途停留。孟雅斯留宿於總督府，並著迷於早餐盤中的種子。他偷偷將種子放進口袋裡。在另一個流傳的故事版本中，他從宴會的甜點中挑起種子。可說是大膽又狡猾，還是我們應該認為孟雅斯只是在履行植物學家的職責？他在探索號上栽種了部分種子，並將剩餘的種子帶回英國。這就是他將智利南洋杉（*Araucaria araucana*）引進歐洲的故事。這種杉樹在法文又稱「猴子的絕望」，因為葉片呈尖刺鱗片狀，靈長類難以攀爬。不過，其實智利沒有猴子啊！孟雅斯終其一生為英格蘭引進了 400 種新物種。

智利南洋杉（*Araucaria araucana*〔Molina〕K. Koch）

另一棵世界最高的樹

　　十九世紀時，有另一棵樹比亥伯龍樹還高，這是株位於澳大利亞南部的杏仁桉（*Eucalyptus regnans*）。這棵樹一年長高 3 公尺，樹高 130 公尺，但最終不幸倒下。

　　目前最高的杏仁桉發現於 2008 年，名為百夫長（Centurion），樹高 100 公尺。

夏威夷人一直記得這位植物學家，稱呼他為「砍人腿、蒐集草的紅臉男」。請放心，孟雅斯砍人腿並非為了食用，而是要進行手術。

孟雅斯在 1795 年回到英格蘭，隨後又短暫前往安地列斯群島。海軍退役後，他行醫到 1802 年。他因植物學的功績而聞名於世，尤其是針對苔類的研究。他在高齡 88 歲時辭世，可見旅遊對長壽有益！本書的其他主角也都十分長壽，尤其他們身處年代的平均壽命都不長：薩赫贊享年 75、洛克享年 78、弗雷澤則享年 91。

🌿 加州之夢（譯註 美國流行樂曲名）

孟雅斯相當長壽，紅杉也是，有時可生長三千年。紅杉相當強壯，而且能抵擋大自然的各項危險。其枝幹防火，在森林大火中也能自保。然而美國西部很快迎來了新的變因……牛仔為當地帶來的毀壞可不只針對印第安人。印第安人不會砍伐樹木，他們使用自然落下的枝幹來造船或造房。畢竟，砍伐巨木的風險相當高，樹木可能會直接擊中人類！不過，西部拓荒潮流下的無數移民開始在當地種下惡果。礦工不一定能找到金礦，但一定能找到木材。即便是為了蓋房子或礦坑，也需要砍伐樹木！拓荒先驅開始開發樹林，紅杉幾乎瀕

臨生存危機。這是西部拓荒版的「加州電鋸殺樹狂」（譯註作者引用電影「德州電鋸殺人狂」，該片法文片名譯為「電鋸大屠殺」）：在短短一世紀間，美國人砍掉了 90% 的樹林。救命啊！

　　幸好，有些殖民者不再袖手旁觀，加入拯救巨木的行列。美國人發明了一個好東西——國家公園。國家公園拯救了「植物大教堂」。這個譬喻有些引人發笑，為什麼要把樹木和宗教設施相比較呢？

　　美國總統林肯（Abraham Lincoln, 1809–1865）在 1864 年簽署法令保護優勝美地的巨大紅杉（這邊指的物種其實是巨杉，而不是一般的紅杉）。這個想法並非他自己想到的，而是來自一名罹患結核病、名叫克拉克（Galen Clark, 1814–1910）的新住民。克拉克向加州參議員康尼斯（John Conness, 1821–1909）提議保護樹木免受人類開發侵擾。由此可見，加州從古早以前便開始致力於環保，不必等到演員出身的前州長史瓦辛格（Arnold Schwarzenegger, 1947–）來拯救世界。數年後的 1890 年，全世界第一個國家公園「黃石國家公園」誕生。至於紅杉，保護紅杉聯盟（Save the Redwoods League）於 1918 年創立，成員來自美國總統老羅斯福（Theodore Roosevelt, 1858–1919）於 1887 年創立的自然保護社團「布恩

和克羅克特俱樂部」（Boone and Crockett Club）。後者的命名緣由來自美國探險家布恩（Daniel Boone, 1734–1820）和克羅克特（Davy Crockett, 1786–1836）：紅杉帶領我們見識不少人事物，還帶我們重新認識童年的英雄。

今天的美國有許多國家公園和州立公園。本章提及的紅杉主要位在紅杉國家及州立公園（Redwood National and State Parks）以及周邊地區，位於奧勒岡州及加州間的太平洋海岸。想要親眼目睹紅杉的英姿嗎？馬上搭乘直飛航班前往舊金山吧！要實現加州之夢，已經不用再與難相處的溫哥華共事四年！

在紅杉中居住超過兩年的奇女子

1997 年，有一株樹齡超過 1,000 年、高約 60 公尺、名為露娜（Luna）的高大紅杉可能會遭太平洋木材公司（Pacific Lumber）砍伐。所幸，有位現代英雌前來拯救這株樹木。年方 23 的希爾（Julia Butterfly Hill, 1974–）在樹頂度過了超過 738 天，期間從未回到地面。最終露娜並未遭到砍伐，周遭的森林也成功守衛下來。這是段人與樹之間的美麗愛情故事。

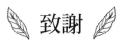

致謝

　　我想藉此機會特別感謝杜諾出版社的安‧勃根農對我的信任。

　　我也誠摯地感謝露西樂‧亞若菊、弗朗西斯‧亞勒、尚‧瓦臘德的校閱和評論。

　　我也感謝奧赫利安‧布爾對大王花的回饋（即便他必須重複聆聽和爪哇不一定有關的爪哇語錄音），也感謝丹尼艾爾‧艾普宏對橡膠樹富有彈性的意見。

　　感謝賽巴斯蒂安長久以來的支持、啟人深省的想法，以及他和已故植物學家（無論傑出與否）同等的熱情。

　　我也想向赫丘及達特赫斯表達深刻的謝意。這兩位食物探險家持續以呼嚕聲鼓勵我。

　　感謝我的家人，他們知道如何欣賞蘭花或棕櫚之美——見仁見智。

　　我不感謝紅杉、大黃和草莓。他們的智識並不足以體會我對他們的認可。

　　當然，我想向本書所有的英雄致上最熱烈的感謝。即便

把《環遊世界八十天》主角菲利斯・福格、《法櫃奇兵》主角印第安納・瓊斯和演員喬治・克隆尼加起來，也贏不了本書的各位英雄。若沒有他們，就沒有這本書。

特別感謝這些英雄拓展人類的知識，讓我們得以分享世界之美。

 延伸閱讀

如果你充滿學習的動力，可以前往法國杜諾出版社的本書網頁下載以下書目（https://www.dunod.com/sciences-techniques/aventure-extraordinaire-plantes-voyageuses）。

■ 總論

1 Allorge L., Ikor O., *La fabuleuse odyssée des plantes : Les botanistes voyageurs, les Jardins des Plantes, les Herbiers*, Paris, JC Lattès, 2003.

2 Blanchard L.-M., *L'aventure des chasseurs de plantes*, Paris, Paulsen, 2015.

3 Candolle (De) A., *L'origine des plantes cultivées*, Paris, Diderot Multimédia, 1883.

4 Lyte C., *The plant hunters*, Londres, London Orbis Publishing, 1983.

■ 第一章

1 « Les Chinois et le thé », *La revue de Paris*, tome deuxième, N°53, 1844.

2 Fortune R., *La route du thé et des fleurs*. Payot et Rivages, 1994.

3 Fortune R., *Le vagabond des fleurs*. Payot et Rivages, 2003.

4 Rose, S., *For all the tea in China. How England stole the world's favourite drink and changed history*, Penguin Books, 2011.

■ 第二章

1 Duchesne A.-N., *Histoire naturelle des fraisiers contenant les vues d'économie réunies à la botanique, et suivie de remarques particulières sur plusieurs points qui ont rapport à l'histoire naturelle générale*, Paris, Didot Jeune, 1766.

2 Frezier A.F., *Relation du voyage de la mer du Sud aux côtes du Chili, du Pérou, et du Brésil, fait pendant les années 1712, 1713 & 1714*, Paris, 1716.

3 Guillaume J., *Ils ont domestiqué plantes et animaux : Prélude à la civilisation*, Versailles, Quae, 2011.

4 Narumi S., « L'usine de fraises du futur à Hokkaido. La première "usine à végétaux" du monde dédiée à l'agriculture pharmaceutique », *nippon.com*, 3/05/2012.

5 Risser G., Histoire du fraisier cultivé. La place de la génétique. *INRA mensuel* (92), 30-35, 1997.

■ 第三章

1 Bell G., « The Story of Joseph Rock », *Journal American Rhododendron Society*, Vol. 37, Number 4, 1983.

2 Harding A., *The Peony*, Londres, Waterstones, London. 1985.

3 Wagner J., « The Botanical Legacy of Joseph Rock », *Arnoldia Arboretum of Harvard University*, Vol. 52, No. 2, pp. 29-35, 1992.

4 Wagner J., « From Gansu to Kolding, the expedition of J.F Rock in 1925-1927 and the plants raised by Aksel Olsen », *Dansk Dendrologisk Årsskrift*, 1992.

- 第四章

1 Boivin B., « La flore du Canada en 1708 », étude et publication d'un manuscrit de Michel Sarrasin et Sébastien Vaillant, *Études littéraires*, 10, 1-2, 223-297, 1977.

2 Colloques internationaux du CNRS, *Les botanistes français en Amérique du Nord avant 1850*, Paris, éditions du CNRS, 1957.

3 Huong L./CVN, « Le ginseng vietnamien en danger », *Le courrier du Vietnam*, 05/02/2017.

4 Laflamme J. C. K., *Michel Sarrazin, matériaux pour servir à l'histoire de la science en Canada*, Québec, 1887.

5 Marie-Victorin F., *Flore Laurentienne*, 2e édition revue et mise à jour par Ernest Rouleau, illustrée par le Frère Alexandre, Presses de l'Université de Montréal, 1964.

- 第五章

1 Bellin I., « Quand le pissenlit vient au secours du caoutchouc », *Les Echos*, 24/09/2009.

2 Berlioz-Curlet J., *L'arbre Seringue, le roman de François*

Fresneau, ingénieur du Roy, Paris, Éditions J.M. Bordessoules, 2009.

3 Chevalier A., Le Pissenlit à Caoutchouc en Russie, *Revue de botanique appliquée et d'agriculture coloniale*, Vol. 25, Numéro 275, 1945.

4 Hallé F., *Plaidoyer pour l'arbre*, Arles, Actes Sud, 2005.

5 La Morinerie (baron de), *Les Origines du caoutchouc. François Fresneau, ingénieur du roi, 1703-1770*, La Rochelle, impr. De N. Texier, 1893.

6 Serier J.-B., La légende de Wickham ou la vraie-fausse histoire du vol des graines d'hévéas au Brésil, *Cahiers du Brésil Contemporain* (21), 1993.

■ 第六章

1 Gaffarel P., « André Thévet », *Bulletin des recherches historiques*, Vol. xviii, novembre 1912.

2 Lapouge G., *Equinoxiales*, Paris, Pierre-Guillaume de Roux Éditions, 2012.

3　Lestringant F., *André Thévet : cosmographe des derniers Valois*, Genève, Librairie Droz, 1991.

4　Mahn-Lot M., *André Thevet : Les singularités de la France antarctique autrement nommée Amérique* [compte-rendu], Annales, Économies, Sociétés, Civilisations, Volume 38, Numéro 3, 1983.

5　Rufin J.-C., *Rouge Brésil*, Paris, Gallimard, 2001.

6　Thackeray F., « Shakespeare, plants, and chemical analysis of early 17th century clay 'tobacco' pipes from Europe », *S Afr J Sci.*; 111(7/8), 2015.

7　Thevet A., Laborie J. C., Lestringan F., *Histoire d'André Thevet Angoumoisin, Cosmographe du Roy, de deux voyages par luy faits aux Indes Australes et Occidentales Genève*, Librairie Droz, 2006.

■ 第七章

1　Boland M., Moughan P. J., « Nutritional benefits of kiwifruits », *Advances in food and nutrition research*, Vol. 68, 2013.

2　Ferguson A. R., « 1904 – the year that kiwifruit (*Actinidia deliciosa*) came to New Zealand », *New Zealand Journal of Crop and Horticultural Science*, Vol. 32, Iss., 1, 2004.

3 Genest G., « Les Palais européens du Yuanmingyuan : essai sur la végétation dans les jardins », *Arts asiatiques*, Vol. 49, Numéro 1, 1994.

4 Lin H.H., Tsai P.S., Fang S.C., Liu J.F., « Effect of kiwifruit consumption on sleep quality in adults with sleep problems », *Asia Pac J Clin Nutr.*, 20 (2):169-74, 2011.

■ 第八章

1 Barney D.L., Hummer K. « Rhubarb : botany, horticulture and genetic resources », *Horticultural reviews*, Vol. 40, 2012.

2 Chevalier A., « Les Rhubarbes cultivées en Europe et leurs origines », *Revue de botanique appliquée et d'agriculture coloniale*, Vol. 22, Numéro 254, 1942.

3 Cuvier G., « Éloge historique de Pierre-Simon Pallas lu le 5 janvier 1813 », *Recueil des éloges historiques des membres de l'Académie royale des Sciences. Éloges historiques lus dans les séances publiques de l'institut royal des Science*, Vol. 2, 1819.

4 Lev-Yadun S., Katzir G., Neeman G., « *Rheum palaestinum* (desert rhubarb), a self-irrigating desert plant », *Naturwissenschaften*, Vol. 96, Issue 3, mars 2009.

5 Omori Y., Takayama H., Ohba H., « Selective light transmittance of translucent bracts in the Himalayan giant glasshouse plant *Rheum nobile* Hook.f. & Thomson (Polygonaceae) », *Botanical Journal of the Linnean Society*,132: 19–27, 2000.

6 Pallas P.S., *Voyages de M. P. S. Pallas, en différentes provinces de l'Empire de Russie, et dans l'Asie septentrionale*, traduits de l'allemand, par M. Gauthier de la Peyronie, 1788-1793.

7 Savelli D., « Kiakhta ou l'épaisseur des frontières », *Études mongoles et sibériennes, centrasiatiques et tibétaines*, 38-39, 2008, mis en ligne le 17 mars 2009, consulté le 22 août 2017.

■ 第九章

1 Arnold J., Bastin J., « The Java journal of Dr Joseph Arnold », *Journal of the Malaysian Branch of the Royal Asiatic Society*, Vol. 46, No. 1 (223), 1973.

2 Brown R., *An Account of a New Genus of Plants Named Rafflesia*, 1821

3 Galindon J.M.M., Ong P.S., Fernando E.S., « *Rafflesia consueloae* (Rafflesiaceae), the smallest among giants; a new species from Luzon Island, Philippines », *PhytoKeys* (61):37-46, 2016.

4 Mursidawati S., Ngatari I., Cardinal S., Kusumawati R. « *Ex-situ* conservation of *Rafflesia patma* Blume (Rafflesiaceae)–an endangered emblematic parasitic species from Indonesia », *J Bot Gard Hortic*, 2015.

5 Raffles S., *Memoir of the Life and Public Services of Sir Thomas Stamford Raffles, F.R.S. &c. Particularly in the Government of Java, 1811-1816, and of Bencoolen and Its Dependencies, 1817-1824: With Details of the Commerce and Resources of the Eastern Archipelago, and Selections from His Correspondence.* Londres, By his widow, John Murray, 1830.

6 Shaw J., « Colossal Blossom. Pursuing the peculiar genetics of a parasitic plant », *Harvard Magazine*, mars-avril 2017.

7 Xi Z., Bradley RK., Wurdack KJ., et al., « Horizontal transfer of expressed genes in a parasitic flowering plant », *BMC Genomics.*, 8;13:227, juin 2012.

- 第十章

1 Brosse J., *Larousse des arbres et des arbustes*, Paris, Larousse, 2000.

2 Farmer J., *Trees in Paradise: A California history*. New York, W.W. Norton & Co, 2013.

3 Kaplan S., « The mystery of the 'ghost trees' may be solved », *Washington Post*, octobre 2016.

4 Menzies A., « Menzies' journal of Vancouver's voyage, April to October, 1792 », edited, with botanical and ethnological notes by C.F. Newcombe, M.D. and a biographical note by J. Forsyth, 1923.

5 Moore Z.J., *Albino leaves in Sequoia sempervirens show altered anatomy and accumulation of heavy metals*. Poster présenté au Coast Redwood Science Symposium, University of California, 2016.

科學人文 87

植物遷徙的非凡冒險
L'AVENTURE EXTRAORDINAIRE DES PLANTES VOYAGEUSES

作　　　者　　卡蒂亞‧阿斯塔菲耶夫
譯　　　者　　林承賢
主　　　編　　王育涵
責任企畫　　張傑凱
封面設計　　黃馨儀
內頁排版　　黃馨儀
總 編 輯　　胡金倫
董 事 長　　趙政岷
出 版 者　　時報文化出版企業股份有限公司
　　　　　　108019 臺北市和平西路三段 240 號 7 樓
　　　　　　發行專線｜ 02-2306-6842
　　　　　　讀者服務專線｜ 0800-231-705 ｜ 02-2304-7103
　　　　　　讀者服務傳真｜ 02-2302-7844
　　　　　　郵撥｜ 1934-4724 時報文化出版公司
　　　　　　信箱｜ 10899 台北華江橋郵局第 99 信箱
時報悅讀網　　www.readingtimes.com.tw
電子郵件信箱　　ctliving@readingtimes.com.tw
人文科學線臉書　　http://www.facebook.com/humanities.science
法 律 顧 問　　理律法律事務所｜陳長文律師、李念祖律師
印　　　刷　　勁達印刷有限公司
初 版 一 刷　　2023 年 6 月 16 日
定　　　價　　新臺幣 380 元

版權所有　翻印必究（缺頁或破損的書，請寄回更換）

L'AVENTURE EXTRAORDINAIRE DES PLANTES VOYAGEUSES
by Katia ASTAFIEFF
Copyright © Dunod 2021, Malakoff
Traditional Chinese language translation rights arranged through The PaiSha Agency,
Taiwan.
Complex Chinese edition copyright © 2023 by China Times Publishing Company
All rights reserved.

ISBN 978-626-353-907-5 ｜ Printed in Taiwan

植物遷徙的非凡冒險／卡蒂亞‧阿斯塔菲耶夫著 .-- 初版 . -- 臺北市：時報文化出版企
業股份有限公司, 2023.06 ｜ 224 面；14.8×21 公分 . -- （科學人文；087）
ISBN 978-626-353-907-5（平裝）
1.CST：植物學史 2.CST：植物學 3.CST：植物生態學　370.9 ｜ 112007938

時報文化出版公司成立於一九七五年，並於一九九九年股票上櫃公開發行，於二〇〇八年脫離中時集團非屬旺中，以「尊重智慧與創意的文化事業」為信念。